海南省自然科学基金高层次人才项目 – 复杂场景下基于自适应权重网络的智能驾驶多传感器融合感知研究（621RC1077）

海南省自然科学基金高层次人才项目 – 基于海空立体视觉的渔船目标实时追踪和行为预测研究（622RC734）

人工智能技术及其
与视觉图像处理技术的融合

刘小飞　李明杰　著

U0222146

吉林科学技术出版社

图书在版编目（CIP）数据

人工智能技术及其与视觉图像处理技术的融合 / 刘小飞，李明杰著 . -- 长春：吉林科学技术出版社，2023.3

ISBN 978-7-5744-0251-5

Ⅰ . ①人… Ⅱ . ①刘… ②李… Ⅲ . ①人工智能—应用—图像处理—研究 Ⅳ . ① TP391.413

中国国家版本馆 CIP 数据核字 (2023) 第 082819 号

人工智能技术及其与视觉图像处理技术的融合

著　　者	刘小飞　李明杰
出 版 人	宛　霞
责任编辑	赵维春
封面设计	皓　月
制　　版	刘　佳
幅面尺寸	170mm×240mm　1/16
字　　数	220 千字
页　　数	216
印　　张	13.5
印　　数	1-1500 册
版　　次	2023 年 3 月第 1 版
印　　次	2024 年 1 月第 1 次印刷

出　　版　吉林科学技术出版社
发　　行　吉林科学技术出版社
地　　址　长春市福祉大路 5788 号出版大厦
邮　　编　130118
发行部电话 / 传真　0431-81629529　81629530　81629531
　　　　　　　　　　81629532　81629533　81629534
储运部电话　0431-86059116
编辑部电话　0431-81629517
印　　刷　廊坊市海涛印刷有限公司

书　　号　ISBN 978-7-5744-0251-5
定　　价　75.00 元

前言

自人工智能概念提出以来，随着计算机科学技术的不断发展，人工智能的技术和研究迎来高峰，人工智能不仅在科技、医疗、工业、数学等领域应用广泛，甚至也涉及了音乐、诗歌、绘画等文化艺术领域。人工智能就是一种置于计算机等载体之中的人造程序，用以模拟人类思维和行为，包括推理、观察、情感、语言等。因此，人工智能天然地与人类的思维、认知和感知模式相关，也与人类哲学和美学紧密联系。相对于音乐和语言，图像是最难被符号化、形式化的，近些年来由于在图像识别技术的迅猛发展，使得人工智能创作视觉艺术成为可能。

基于此，本书以"人工智能技术及其与视觉图像处理技术的融合"为题，全书共设置六章：第一章阐述人工智能及其发展、视觉艺术及其发展、人工智能技术与视觉艺术创作的契合；第二章分析概念与知识表示、知识图谱与推理、知识库与知识搜索技术、机器学习与自然语言处理；第三章讨论专家系统及其开发、深度学习与卷积神经网络、智能机器人与多智能体系统；第四章探讨图像视觉原理及其获取技术、视觉图像对象处理与特征提取技术、视觉图像识别与分割技术、视觉图像增强与压缩技术；第五章论述人工智能中图像识别技术的应用、人工智能在医学图像处理中的应用、人工智能在自动驾驶与车牌号车型识别中的应用；第六章研究机器视觉技术下的分拣机器人、人工智能技术下的视觉导航清洁机器人、人工智能技术下的城市街景影像。

本书内容精练，条理清晰，全书以基础知识、科研新成果及发展新动向相结合，系统地讲述了人工智能技术中有代表性的技术与应用。此外，本书重点突出，目的明确，立足基本理论，面向应用技术，以必须、够用为尺度，以掌握概念、强化应用为重点，加强理论知识和实际应用的统一。

本书由三亚学院信息与智能工程学院的刘小飞和李明杰合作完成，共计 22 万字。其中刘小飞负责第一章、第三章和第四章内容的撰写，合计 11 万字；李明杰负责第二章、第五章和第六章内容的撰写，合计 11 万字。

　　笔者在撰写本书的过程中，得到了许多专家学者的帮助和指导，在此表示诚挚的谢意。由于笔者水平有限，加之时间仓促，书中所涉及的内容难免有疏漏之处，希望各位读者多提宝贵意见，以便笔者进一步修改，使之更加完善。

目录

第一章 人工智能与视觉艺术概述

第一节 人工智能及其发展

一、人工智能的起源与发展

近年来，人工智能发展迅速，已经成为科技界和大众都十分关注的一个热点领域。尽管目前人工智能在发展过程中，还面临着很多困难和挑战，但人工智能已经创造出了许多智能产品，并将在越来越多的领域制造出更多甚至是超过人类智能的产品，为改善人类的生活做出更大贡献。"人工智能是新一代'通用目的技术'，对经济社会发展和国际竞争格局产生着深刻影响。"[①]

智能是指学习、理解并用逻辑方法思考事物，以及应对新的或者困难环境的能力。智能的要素包括：适应环境，适应偶然性事件，能分辨模糊的或矛盾的信息，在孤立的情况中找出相似性，产生新概念和新思想。

自然智能是指人类和一些动物所具有的智力和行为能力。"人类智能是由许多各有自己构成、本质特点和运作机制的智能个例或样式组成的有'家庭相似性'的大杂烩。每个智能都是由一定生物模式所实现的功能模块，他们集合在一起可形成不同层次的复合能力"[②]。人类智能表现为有目的的行为、合理的思维，以及有效地适应环境的综合性能力。智力是获取知识并运用知识求解问题的能力，能力则指完成一项目标或者任务所体现出来的素质。

人工智能是相对于人的自然智能而言的，即"人造智能"，指用人工的方

---

① 张鑫，王明辉.中国人工智能发展态势及其促进策略 [J].改革，2019（09）：31-44.
② 高新民，罗岩超."图灵测试"与人工智能元问题探微 [J].江汉论坛，2021（01）：56-64.

法和技术在计算机上实现智能，以模拟、延伸和扩展人类的智能。由于人工智能是在机器上实现的，所以又称机器智能。人工智能包括有规律的智能行为。有规律的智能行为是计算机能解决的，而无规律的智能行为，如洞察力、创造力，计算机目前还不能完全解决。

（一）人工智能的起源

"图灵测试"是分别由人和计算机来同时回答某人提出的各种问题。如果提问者辨别不出回答者是人还是机器，则认为通过了测试，并且说这台机器有智能。

1991 年，美国塑料便携式迪斯科跳舞毯大亨休·洛伯纳赞助"图灵测试"，并设立了洛伯纳奖，第一个通过一个无限制图灵测试的程序将获得 10 万元美金。对洛伯纳奖来说，人和机器都要回答裁决者提出的问题。每一台机器都试图让一群评审专家相信自己是真正的人类，扮演人的角色最好的那台机器将被认为是"最有人性的计算机"而赢得这个竞赛，而参加测试胜出的人则赢得"最有人性的人"大奖。在过去的 30 多年里，人工智能社群都会齐聚以图灵测试为主题的洛伯纳大奖赛，这是该领域最令人期待也最惹人争议的盛事。

图灵测试的本质可以理解为计算机在与人类的博弈中体现出智能，虽然目前还没有机器人能够通过图灵测试，图灵的预言并没有完全实现，但基于国际象棋、围棋和扑克软件进行的人机大战，让人们看到了人工智能的进展。

人们根据计算机难以通过图灵测试的特点，逆向地使用图灵测试，有效地解决了一些难题。如在网络系统的登录界面上，随机地产生一些变形的英文单词或数字作为验证码，并加上比较复杂的背景，登录时要求正确地输入这些验证码，系统才允许登录。而当前的模式识别技术难以正确识别复杂背景下变形比较严重的英文单词或数字，这点人类却很容易做到，这样系统就能判断登录者是人还是机器，从而有效地防止了利用程序对网络系统进行的恶意攻击。

（二）人工智能的发展

1. 孕育期

人工智能的孕育期一般指 1956 年以前，这一时期为人工智能的产生奠定了理论和计算工具的基础。

（1）问题的提出。900 年，世纪之交的数学家大会在巴黎召开，数学家大卫·希尔伯特，庄严地向全世界数学家们宣布了 23 个未解决的难题。这 23 道难题道道经典，而其中的第二问题和第十问题则与人工智能密切相关，并最终促成计算机的发明。

被后人称为希尔伯特纲领的希尔伯特的第二问题是数学系统中应同时具备一致性和完备性。希尔伯特的第二问题的思想，即数学真理不存在矛盾，任何真理都可以描述为数学定理。他认为可以运用公理化的方法统一整个数学，并运用严格的数学推理证明数学自身的正确性。

捷克数学家库尔特·哥德尔致力于攻克第二问题。他很快发现，希尔伯特第二问题的断言是错的，其根本问题是它的自指性。他通过后来被称为"哥德尔句子"的悖论句，证明了任何足够强大的数学公理系统都存在着瑕疵，一致性和完备性不能同时具备，这便是著名的哥德尔定理。

（2）计算机的产生。法国人帕斯卡于 17 世纪制造出一种机械式加法机，它是世界上第一台机械式计算机。

香农是信息论的创始人，他于 1938 年首次阐明了布尔代数在开关电路上的作用。信息论的出现，对现代通信技术和电子计算机的设计产生了巨大的影响。如果没有信息论，现代的电子计算机是 + 可能研制成功的。

1946 年 2 月 15 日，世界上第一台通用电子数字计算机"埃尼阿克"研制成功。"埃尼阿克"的研制成功，是计算机发展史上的一座纪念碑，是人类在发展计算技术历程中的一个新的起点。

2. 形成期

人工智能的基础技术的研究和形成时期是指 1956—1970 年期间。1956 年纽厄尔和西蒙等首先合作研制成功"逻辑理论机"。该系统是第一个出现符号而不是处理数字的计算机程序，是机器证明数学定理的最早尝试。

1956 年，另一项重大的开创性工作是塞缪尔研制成功"跳棋程序"。该程序具有自改善、自适应、积累经验和学习等能力，这是模拟人类学习和智能的一次突破。该程序于 1959 年击败了它的设计者，1963 年又击败了美国的一个州的跳棋冠军。

1960 年，纽厄尔和西蒙又研制成功"通用问题求解程序系统"，用来解决不定积分、三角函数、代数方程等多种性质不同的问题。

1960 年，麦卡锡提出并研制成功"表处理语言 LISP"，它不仅能处理数据，而且可以更方便地处理符号，适用于符号微积分计算、数学定理证明、数理逻辑中的命题演算、博弈、图像识别以及人工智能研究的其他领域，从而武装了一代人工智能科学家，是人工智能程序设计语言的里程碑，至今仍然是研究人工智能的良好工具。

1965 年，被誉为"专家系统和知识工程之父"的费根鲍姆和他的团队开始研究专家系统，并成功研究出第一个专家系统，用于质谱仪分析有机化合物的分子结构，为人工智能的应用研究做出了开创性贡献。

1969 年召开了第一届国际人工智能联合会议，1970 年《人工智能国际杂志》创刊，标志着人工智能作为一门独立学科登上了国际学术舞台，并对促进人工智能的研究和发展起到了积极作用。

3. 发展与实用期

人工智能发展和实用阶段是指 1971—1980 年期间。在这一阶段，多个专家系统被开发并投入使用，有化学、数学、医疗、地质等方面的专家系统。

1975 年美国斯坦福大学开发了 MYC1N 系统，用于诊断细菌感染和推荐抗生素使用方案。MYCIN 是一种使用了人工智能的早期模拟决策系统，由研究人员耗时 5 ~ 6 年开发而成，是后来专家系统研究的基础。

1976 年，凯尼斯·阿佩尔和沃夫冈·哈肯等人利用人工和计算机混合的方式证明了一个著名的数学猜想：四色猜想（现在称为四色定理）。即对于任意的地图，最少仅用四种颜色就可以使该地图着色，并使得任意两个相邻国家的颜色不会重复；然而证明起来却异常烦琐。配合着计算机超强的穷举和计算能力，阿佩尔等人证明了这个猜想。

1977 年，第五届国际人工智能联合会会议上，费根鲍姆教授在一篇题为《人工智能的艺术：知识工程课题及实例研究》的特约文章中系统地阐述了专家系统的思想，并提出了"知识工程"的概念。

4. 知识工程与机器学习期

知识工程与机器学习发展阶段指 1981—1990 年代初这段时期。知识工程的提出，专家系统的初步成功，确定了知识在人工智能中的重要地位。知识工程不仅仅对专家系统发展影响很大，而且对信息处理的所有领域都将有很大的影响。知识工程的方法很快渗透到人工智能的各个领域，促进了人工智能从实验室研究走向实际应用。

学习是系统在不断重复的工作中对本身的增强或者改进，使得系统在下一次执行同样任务或类似任务时，比现在做得更好或效率更高。

从 20 世纪 80 年代后期开始，机器学习的研究发展到了一个新阶段。在这个阶段，联结学习取得很大成功；符号学习已有很多算法不断成熟，新方法不断出现，应用扩大，成绩斐然；有些神经网络模型能在计算机硬件上实现，使神经网络有了很大发展。

5. 智能综合集成期

智能综合集成阶段指 20 世纪 90 年代至今，这个阶段主要研究模拟智能。

第六代电子计算机将被认为是模仿人的大脑判断能力和适应能力，并具有可并行处理多种数据功能的神经网络计算机。与以逻辑处理为主的第五代计算机不同，它本身可以判断对象的性质与状态，并能采取相应的行动，而且它可同时并行处理实时变化的大量数据，并引出结论。以往的信息处理系统只能处理条理清晰、经络分明的数据，而人的大脑却具有能处理支离破碎、含糊不清的信息的灵活性，第六代电子计算机将具有类似人脑的智慧和灵活性。

21 世纪初至今，深度学习带来人工智能的春天，随着深度学习技术的成熟，人工智能正在逐步从尖端技术慢慢变得普及。

二、人工智能的学派

人工智能是用计算机模拟人脑的学科，因此模拟人脑成为它的主要研究内容。但由于人类对人脑的了解太少了，对人脑的研究也极为学复杂，目前人工智能学者对它的研究是通过模拟方法按三个不同角度与层次对其进行探究，从而形成三种学派：首先，从人脑内部生物结构角度的研究所形成的学派，称为结构主义或连接主义学派，其典型的研究代表是人工神经网络；其次，从人脑思维活动形式表示的角度的研究所形成的学派，称为连接主义学派，其典型的研究代表是形式逻辑推理；最后，从人脑活动所产生的外部行为角度的研究所形成的学派，称为行为主义学派，其典型的研究代表是 Agent。

（一）符号主义学派

符号主义又称逻辑主义、心理学派或计算机学派，其主要思想是从人脑思维活动形式化表示角度研究探索人的思维活动规律。它是亚里士多德所研究形式逻辑以及其后所出现的数理逻辑，又称符号逻辑。而应用这种符号逻辑的方法研究人脑功能的学派就称符号主义学派。

在20世纪40年代中后期出现了数字电子计算机，这种机器结构的理论基础也是符号逻辑，因此从人工智能观点看，人脑思维功能与计算机工作结构方式具有相同的理论基础，即都是符号逻辑。故而符号主义学派在人工智能诞生初期就被广泛应用。推而广之，凡是用抽象化、符号化形式研究人工智能的都称为符号主义学派。

总体来看，符号主义学派即是以符号化形式为特征的研究方法，它在知识表示中的谓词逻辑表示、产生式表示、知识图谱表示中，以及基于这些知识表示的演绎性推理中都起到了关键性指导作用。

（二）连接主义学派

连接主义又称仿生学派或生理学派，其主要思想是从人脑神经生理学结构角度研究探索人类智能活动规律。从神经生理学的观点看，人类智能活动都出自大脑，而大脑的基本结构单元是神经元，整个大脑智能活动是相互连接的神经元间的竞争与协调的结果，他们组织成一个网络，称为神经网络。连接主义学派认为，研究人工智能的最佳方法是模仿神经网络的原理构造一个模型，称为人工神经网络模型，以此模型为基点开展对人工智能的研究。

有关连接主义学派的研究工作早在人工智能出现前的20世纪40年代的仿生学理论中就有很多研究，并基于神经网络构造出世界上首个人工神经网络模型——MP模型，自此以后，对此方面的研究成果不断出现，直至20世纪70年代。但在此阶段由于受模型结构及计算机模拟技术等多种方面的限制而进展不大。直到20世纪80年代Hopfield模型的出现以及相继的反向传播BP模型的出现，人工神经网络的研究又开始走上发展道路。

2012年对连接主义学派而言是一个具有划时代意义的一年，具有多层结构模型——卷积神经网络模型与当时正兴起的大数据技术，再加上飞速发展的计算机新技术三者的有机结合，使它成为人工智能第三次高潮的主要技术手段。

连接主义学派的主要研究特点是将人工神经网络与数据相结合，实现对数据的归纳学习从而达到发现知识的目的。

（三）行为主义学派

行为主义又称进化主义或控制论学派，其主要思想是从人脑智能活动所产生的外部表现行为角度研究探索人类智能活动规律。这种行为的特色可用感知—动作模型表示。这是一种控制论的思想为基础的学派。有关行为主义学派的研究工作早在人工智能出现前的 20 世纪 40 年代的控制理论及信息论中就有很多研究，在人工智能出现后得到很大的发展，其近代的基础理论思想如知识获取中的搜索技术以及 Agent 为代表的"智能代理"方法等，而其应用的典型即是机器人，特别是具有智能功能的智能机器人。在近期人工智能发展新的高潮中，机器人与机器学习、知识推理相结合，所组成的系统成为人工智能新的标志。

三、人工智能的学科体系

人工智能学科的发展并不顺利，在其发展的过程中，经历了多次波折与重大打击，到了 2016 年才真正迎来了稳定的发展，因此对人工智能学科体系的研究也是断断续续，起起伏伏，直到今日还处于不断探讨与完善之中。就人工智能目前研究而言，其整个体系可分为以下内容：

（一）人工智能学科的体系框架

第一，人工智能理论基础。任何一门正规的学科，必须有一套的完整的理论体系做支撑，对人工智能学科而言也是如此。到目前为止，人工智能学科初步形成一个相对完整的理论体系，为整个学科研究奠定基础。人工智能基础理论主要研究的是用"模拟"人类智能的方法所建立的一般性理论。

第二，人工智能应用技术。人工智能是一门应用性学科，在其基础理论支持下与各应用领域相结合进行研究，产生多个应用领域的技术，他们是人工智能学科的下属分支学科。目前这种与应用领域相关的分支学科随着人工智能发展而不断增加。人工智能应用性技术研究的是用"模拟"人类智能的方法与各应用领域相融合所建立的理论。

第三，人工智能的计算机应用开发。人工智能是一门用计算机模拟人脑的学科，因此在人工智能技术的下层应用领域中，最终均须用计算机技术实施应用开发，用一个具智能能力的计算机系统以模拟应用领域中的一定智能活动作为其最后目标。"大数据与人工智能都是现代信息技术的主要分支，已被广泛应用到人们的生产生活当中，尤其是在工业生产领域，基于大数据和人工智能的生产技术优化与生产模式完善都十分常见。"① 人工智能的计算机应用开发研究的是智能模型的计算机开发实现。

人工智能学科体系的这三个部分是按层次相互依赖的。其中基础理论是整个体系的底层，而应用技术则是以基础理论作支撑建立在各应用领域上的技术体系。最后以上面两层技术与理论为基础用现代计算机技术为手段构建起一个能模拟应用中智能活动的计算机系统作为其最终目标。

（二）人工智能的基础理论

人工智能的基础理论分两个层次：第一层次是人工智能的基本概念、研究对象、研究方法及学科体系；第二层次是基于知识的研究，它是基础理论中的主要内容，包括下面的内容：

第一，知识与知识表示。人工智能研究的基本对象是知识，它所研究的内容是以知识为核心的，包括知识表示、知识组织管理、知识获取等。在人工智能中知识因不同应用环境而可有不同表示形式，目前常用的就有十余种，其中最常见的有：谓词逻辑表示、状态空间表示、产生式表示、语义网络表示、框架表示、黑板表示以及本体与知识图谱表示等多种表示方法。

第二，知识组织管理。知识组织管理就是知识库，它是存储知识的实体，且具有知识增、删、改及知识查询、知识获取（如推理）等管理功能，此外还具有知识控制，包括知识完整性、安全性及故障恢复功能等管理能力。知识库按知识表示的不同形式管理，即一个知识库中所管理的知识其知识表示的形式只有一种。

第三，知识推理。人工智能研究的核心内容之一是知识推理。此中的推理指的是由一般性的知识通过它而获得个别知识的过程，这种推理称为演绎性推理。这是符号主义学派所研究的主要内容。知识推理有多种不同方法，它可因

---

① 利锐欢，谢玉祺.基于大数据的安全生产人工智能应用分析[J].科技资讯，2022，20（14）：76–78.

不同的知识表示而有所不同，常用的有基于状态空间的搜索策略方法、基于谓词逻辑的推理方法等。

第四，知识发现。人工智能研究的另一个核心内容是知识归纳，又称知识发现或归纳性推理。此中的归纳指的是由多个个别知识通过它而获得一般性知识的过程，这种推理称为归纳性推理。这是连接主义学派所研究的主要内容。知识归纳有多种不同方法，常用的有人工神经网络方法、决策树方法、关联规则方法以及聚类分析方法等。

第五，智能活动。智能活动是行为主义学派所研究的主要内容。一个智能体的活动必定受环境中的感知器的触发而启动智能活动，活动产生的结果通过执行器对环境产生影响。

（三）人工智能的应用技术

在人工智能学科中，有很多以应用领域为背景的学科分支，对他们的研究是以基础理论为手段，以领域知识为对象，通过这两者的融合最终达到模拟该领域应用为目标。

目前这种学科分支的内容有很多个，并且还在不断的发展中，下面列举较为热门的应用领域分支：

第一，机器博弈。机器博弈分人机博弈、机机博弈以及单体、双体、多体等多种形式。其内容包含传统的博弈内容，如棋类博弈，从原始的五子棋、跳棋到中国象棋、国际象棋及围棋等。如球类博弈，从排球、篮球到足球等。还包括现代的多种博弈性游戏以及带博弈性的彩票、炒股、炒汇等带有风险性的博弈活动。

机器博弈是智能性极高的活动，机器博弈的水平高低是人工智能水平的主要标志，对它的研究能带动与影响人工智能多个领域的发展。因此目前国际上各大知名公司都致力于机器博弈的研究与开发。

第二，声音、文字与图像识别。人类通过五官及其他感觉器官接受与识别外界多种信息，如听觉、视觉、嗅觉、触觉、味觉等，其中听觉与视觉占到所有获取到的信息90%以上。具体表现为文字、声音、图形、图像以及人体、物体等识别。模式识别指的是利用计算机模拟对人的各种识别的能力。目前主要的模式识别如下：

声音识别：包括语音、音乐及外界其他声音的识别。

文字识别：包括联机手写文字识别、光学字符识别等多种文字的识别。

图像识别：如指纹识别、个人签名识别以及印章识别等。

第三，知识工程与专家系统。知识工程与专家系统是用计算机系统模拟各类专家的智能活动，从而达到用计算机取代专家的目的。其中，知识工程是计算机模拟专家的应用性理论，专家系统则是在知识工程的理论指导下实现具有某些专家能力的计算机系统。

第四，智能机器人。智能机器人一般分为工业机器人与智能机器人，在人工智能中一般指的是智能机器人。这种机器人是一种类人的机器，它不一定具有人的外形，但一定具有人的基本功能，如人的感知功能，人脑的处理能力以及人的执行能力。这种机器人是由计算机在内的机电部件与设备组成。

第五，智能决策支持系统。政府、单位与个人经常会碰到一些重大事件须做出的决断称为决策，如某公司对某项目投资的决策；政府对某项军事行动的决策；个人对高考填报志愿的决策等。决策是一项高智能活动，智能决策支持系统是一个计算机系统，它能模拟与协助人类的决策过程，使决策更为科学、合理。

第六，计算机视觉。由于视觉是人类从整个外界获取的信息最多的，因此对人类视觉的研究特别重要，在人工智能中称为计算机视觉。计算机视觉研究的是用计算机模拟人类视觉功能，用以描述、存储、识别、处理人类所能见到的外部世界的人物与事物，包括静态的与动态的、二维的与三维的。最常见的有人脸识别、卫星图像分析与识别、医学图像分析与识别以及图像重建等内容。

（四）人工智能的应用模型及其开发

人工智能学科的最上层次即是它的各类应用以及应用的开发。这种应用很多，著名的如 DeepBlue、AlphaGo、蚂蚁金服人脸识别系统、百度自动驾驶汽车、科大讯飞翻译机、Siri 智能查询系统以及方正扫描仪等都是人工智能应用，其中很多都已成为知名的智能产品。下面主要介绍这些应用中的模型以及基于这些应用模型的计算机系统开发。

1. 人工智能的应用模型

以人工智能基础理论及应用技术为手段，可以在众多领域生成很多应用模型，应用模型即是实现该应用的人工智能方法、技术及实现的结构、体系组成的总称。例如，人脸识别的模型简单表示为以下内容：

（1）机器学习方法：用卷积神经网络方法，通过若干个层面分步实施的手段。

（2）图像转换装置：需要有一个图像转换装置将外部的人脸转换成数据。

（3）大数据方法：这种转换成数据的量值及性质均属大数据级别，必须按大数据技术手段处理。

将这三者通过一定的结构方式组合成一个抽象模型，根据此模型，这个人脸识别流程是：人脸经图像转换装置后成为计算机中的图像数据，接着按大数据技术手段对数据作处理，成为标准的样本数据。将它作为输入，进入卷积神经网络作训练，最终得到训练结果作为人脸识别的模型。

2. 人工智能应用模型的开发

以应用模型为依据，用计算机系统作开发，最终形成应用成果或产品。在这个阶段，重点在计算机技术的应用上着力，具体内容如下：

（1）依据计算机系统工程及软件工程对应用模型作系统分析与设计。

（2）依据设计结果，建立计算机系统的开发平台。

（3）依据设计结果，建立数据组织并完成数据体系开发。

（4）依据设计结果，建立知识体系并完成知识库开发。

（5）依据设计结果，建立模型算法并做系统编程以完成应用程序开发。

到此为止，一个初步的计算机智能系统就形成了。接着，还需继续按计算机系统工程及软件工程作后续工作。

（6）依据计算机系统工程及软件工程作系统测试。

（7）依据计算机系统工程及软件工程将测试后系统投入运行。

到此为止，一个具实用价值的计算机智能系统就开发完成了。

四、人工智能的发展展望

随着信息技术的飞速发展，人工智能得到了迅猛的发展，"对我国的基础生产业与高端技术行业都带来了新的愿景与发展道路。同时人工智能的逐渐成熟也能从根本上改变人类劳动的速度、广度与深度，大力提供科技生产力。"[①]

（一）人工智能的学科发展

人工智能起源于多个学科，并在其发展中经历了多种磨难与重重困难，尝试过多种不同思想、方法与理论才取得了今天的大发展。回首过往的发展历史，不但有经验，也有教训。结合经验与教训，在看到了发展同时也看到了不足，人工智能学科的发展任重而道远。

1. 建立完整的人工智能理论体系

任何一个学科都需要有一套完整的基础理论体系，用以支撑该学科的发展。对人工智能学科而言也是如此。在经历了多年发展后，人工智能也有了自己的理论与一定的体系，但由于人工智能自身发展的特殊性，使得它至今在完整与统一的理论体系方面尚有待进一步完善与发展。

（1）人工智能是一门边缘性学科，从它发展的萌芽期起就有多个学科基于不同理论体系组合而成。

（2）人工智能在其发展过程中，多种不同理论体系虽然有所融合，但是由于不同环境与特殊处境而形成了三种研究理论体系，他们即是符号主义体系、连接主义体系及行动主义体系，并都有其应用的支撑，至今无法完全融合。

（3）近十余年是人工智能飞速发展的时期，这种发展主要表现为人工智能应用的发展。在众多应用发展的同时出现并解决了很多理论的问题，这些理论的解决与发展已冲击到了传统的理论体系，但是人们过多聚焦于应用的实现，而忽视了理论的进一步总结、提高与发展。目前迫切需要人工智能理论工作者努力，建立起一个统一、完整的理论体系。

2. 人工智能的多学科交叉融合

人工智能学科是一门多学科交叉集成的学科，因此人工智能的发展必须在统一的目标下注重于多学科间的交叉融合，发挥各学科优势，建立各学科间的紧密关系，相互取长补短，从而达到在人工智能大家庭中融合一起、和谐共存。这是人工智能学科发展的又一个方面。

人工智能的多学科间的交叉融合主要表现在以下方面：

---

① 徐大海. 中国人工智能发展态势及其促进策略 [J]. 电子世界，2020（09）：75-76.

（1）人工智能理论与应用间的融合。

（2）人工智能理论中各方法间的融合。

（3）人工智能应用中计算机技术与应用系统间融合。

人工智能的多学科间的交叉融合的必然结果是人工智能学科整体能力的进一步提升。

3. 人工智能理论、应用与计算机技术的均衡发展

（1）人工智能发展的三个层次。人工智能学科是一门应用性学科，总体来说其涉及的内容包括：人工智能理论、人工智能应用与计算机技术等三个部分。人工智能的这三个部分需均衡发展，才能保持其整体发展的势头，不断取得进展。当这三者协调一致，保持均衡发展时，人工智能就会获得高速发展；当其协调不一致，发展失衡时，人工智能就陷入低谷。究其原因，主要是这三者关系紧密，他们间相互支持又相互制约。但是这三者又各有其发展特征，要保持一致发展进程实属不易。这就出现了人工智能发展历史中的不断反复起伏的特殊现象。从此中也可以看出自觉保持人工智能发展均衡性的重要意义。

第一，人工智能理论。在人工智能学科中，人工智能理论是基础，是学科灵魂与生命线。人工智能一切发展都建立在理论上。人工智能理论是以研究为主，其内容包括人工智能的思想、方法及算法原理等。由于人工智能理论研究的难度大，持续时间久，参与研究的人员的专业素质要求高等多种原因，决定了其研究特色是：少量高素质人员为主、出成果的周期长、需持续高强度的投入。

第二，人工智能应用。人工智能是一门应用性学科，应用是其最终目标，也是学科发展的主要标志。学科整体的价值体现都表现在应用中。同时，应用的需求引导了理论研究方向与产品开发力度。因此，应用在整个人工智能学科中既是原始驱动力，又是最终的价值体现。人工智能应用的领域宽、应用行业多，参与应用人员可以大量投入并可以快速取得成果。因此，人工智能应用发展的特色是：可以大量投入人员，迅速取得大面积成果。

从人工智能发展的现实情况可以看出，只有应用发展了，才能产生经济效益与社会效益，从而达到聚集资金、聚集人才的结果，利用这些人才与资金才能反哺理论的研究开发，而理论的发展又促进了应用的支撑，最终达到整个学科的良性循环，从而促进人工智能学科发展。

第三，计算机技术。计算机技术是发展人工智能应用的基础，其主要作用是通过系统的开发将人工智能理论转变成为应用系统或产品，从而达到应用的目的。人工智能的计算机技术是人工智能理论与应用的纽带，必须建立起三者的融合是其主要的特色。

（2）人工智能三个层次发展的要求。

第一，人工智能学科的三个层次既各自独立又相互依存，共同组成一个整体，他们之间必须保持均衡发展才能获得整体效果。

第二，人工智能学科的三个层次在发展中各具特色，很难保持同步均衡发展。从发展难度、周期、依存度及关联学科看，理论层次难度高、发展周期长但依存度低；应用层次难度相对低、发展周期快，但严重依存于理论与计算机技术的发展；计算机技术是理论与应用的纽带，必须不断迅速协调两者关系才能保证整个学科同步发展。

第三，这三者的特色是不同的，只有依据特色，三者均衡发展，保持动态平衡，最终才能获得良性循环，从而避免出现过去历史上起落不停的怪圈。

（3）人工智能三个层次发展的条件。从以上的分析可以看出，要保持均衡一致发展，必须的条件如下：

第一，理论必须先行。理论是应用的前提，但理论研究难度高、周期长，因此必须认识此特征，坚持长时期高投入，任何浮躁、短浅的目光与政策措施都将损害整个人工智能学科的发展。

第二，必须大力发展应用。人工智能之所以获得发展，并进入国家战略层次的学科，正是由于它的应用性。它是人工智能整体获得发展的关键。有了应用就有了资金、设备与人才，才能使人工智能整体（包括理论与产品）得到发展。

第三，强化计算机技术与理论、应用之间的不断融合。人工智能应用的最终体现是以计算机技术为工具利用人工智能理论开发更多的人工智能应用系统或产品，并以系统替代人类智力活动为目标。因此，强化计算机技术与理论、应用之间的融合是计算机技术的主要职责。

（二）人工智能的社会发展

人工智能学科是一门特殊的学科，由于它所研究的内容涉及人类自身最敏感的部位，出于对人类自我保护潜意识的反射，以及科幻小说与电影的过分渲染，从人工智能刚出现的萌芽时期就已经有人担忧，担心在其发展美好前景的同时会引起对人类自身利益的直接碰撞与抵触。因此，在人工智能发生与发展的同时，对人工智能的担心就一直没有停止过，这已不是一个技术问题而是社会问题了，主要表现为人工智能会侵占人类就业权益的担心与人类自身安全的担心这两方面。为此，必须对这两个问题从技术与社会学角度进行必要的解释与说明。

1. 人工智能与就业

从20世纪50年代开始，国外一些流水线作业的工厂中逐渐推广机器人作业，将简单、枯燥的劳动由机器人取代。进而，又逐步推广至较为复杂但又有固定规则可循的工作中，将这种工作由机器人取代。如此不断，随着人工智能与机器人技术水平不断发展，这种"取代"工作已威胁到了成熟的技术工人的工作，因此就引起了工人的担心，进而引起了社会的担心与恐慌。

其实，人类社会自工业革命以来，新技术的应用除了提高生产力与减轻人类劳动外，都会影响到人类的就业。以蒸汽机为代表的第一次产业革命解放了人类的体力劳动，同时也影响到了体力工人的就业；以电动机为代表的第二次产业革命（电气化）解放了人类的脑／体力劳动，同时也影响到了技术工人的就业；以计算机为代表的第三次产业革命（信息化）解放了人类的脑力劳动，同时也影响到了劳力人员的就业；以人工智能为代表的第四次产业革命（智能化）解放了人类的智力劳动，同时也影响到了智力人员的就业。但所有这一切，前三次革命的结果是人类生产力的大解放，人类生活水平提高，就业问题所带来的影响最终通过发展中的不断平衡与调整而得到了解决，这第四次革命所产生的就业问题预计也可通过这种办法得到解决。

具体来说，就业问题是一个社会问题。社会问题的最终解决必须依靠社会解决。社会学中有一个基本原则就是：社会生产力的发展是解决社会中所有问题的基础。人工智能所带来的生产力发展必定能通过政府的政策措施与市场调节等手段而使就业问题得以解决。事实证明也是如此，在大量使用机器人及人工智能应用的国家，并没有因此造成大量失业，反而因此提高了人民的生活水平与生活质量。

2. 人工智能与人类智能

人工智能将会超越人类智能，机器将控制人类并威胁人类的生存。此说法产生的起源有三个：首先，人工智能学科自身研究的敏感性所致；其次，科幻小说与影视作品的渲染以及非本门学科专家对人工智能的了解不足而引起的担忧所致；最后，人工智能本门学科专家的不负责的宣扬所致。

实际上，所谓的"人工智能威胁论"是一个"伪命题"，人工智能专家他们在长期的研究工作中深知人工智能的艰难，深知人类对其自身智能的了解知之甚少，人类对其自身智能的模拟有多么的困难，目前所获得的成果又是多么的稀少。这个简单的是非题告诉我们，目前人工智能的研究水平实际上是极其低下的，研究难度是极其高的，从人工智能到人类智能尚有很多个无法逾越的障碍。以下从技术层面进行讨论：

（1）人工智能的研究对象是人类智能，它包括人类智能的主要器官——大脑的研究，从大脑神经生理的结构研究、大脑思维的研究（含形式思维与辩证思维）、大脑外在行为研究等方面，到目前为止，尚知之甚少。

（2）人类智能是动态活动的过程，即人类智能对外部世界的认识是一个不断变化、不断提高的动态发展过程。我们现在对这种动态过程的了解也知之不多。

（3）人类智能动态活动的过程是在一定环境下进行的。这种环境包括外部世界的人类社会与自然社会，同样，就目前水平看，人类对他们的了解也是极其有限的。

（4）计算机通过数据模拟人类智能中的外部环境。这种环境处于巨大时空多维世界中，这是一种多维、无限、连续世界，而计算机数据所能表示的仅是有限、离散的环境，因此用有限、离散的数据用于模拟无限、连续世界之间存在着的巨大差距。这种模拟只能说是"近似"，永远无法达到"一致"。

（5）计算机通过算法模拟人类智能中的智力活动。对这种模拟可分以下层次讨论：

第一，算法的可计算性问题：算法的能力是有限的，世界上的智力活动并非所有都用算法表示。这在算法理论中称为可计算性理论。也就是说，世界上的智力活动可分为两部分：一部分可用算法表示；另一个部分不可用算法表示，不可用算法表示的智力活动，在人工智能中是无能为力的。

第二，算法的复杂性问题：若智力活动是可计算的，则可用算法表示该活动。但算法在计算时还存在着计算的复杂性问题，即计算过程所需的时间与所占的空间问题，一般可分三个级别：指数级算法、多项式级算法及线性级算法。其中，指数级算法称为高复杂度算法，这种算法虽在理论上能计算，但是在实际计算中，经常出现计算变量在计算过程中其时间与空间呈指数级上升而使整个计算最终没有完成。因此，算法的复杂性问题告诉我们，算法按复杂性可分两种类型，包括高复杂度算法与中、低复杂度算法。其中，高复杂度算法是无法用计算机实际计算的。

第三，算法的停机问题：可计算的算法还存在另一个问题，称为算法停机问题。它表示算法的收敛性，即在算法计算过程中会出现无法收敛而永不停机的状态。

第四，算法寻找问题：上面讨论的仅是智力活动算法的理论问题，它是寻找算法所需满足的最基本的条件。在这些条件框定下，人工智能专家任务是逐个寻找适合特定智力活动的算法，这是一种极其艰辛的创新活动过程。到目前为止，专家们所找到的算法仅是整个人类智能活动的九牛一毛。算法寻找问题是其中最重要的一环。

（6）计算机的计算力。计算机的数据与算法只有在一定的计算机平台上运行才能产生动态的结果，计算机平台上的运行能力称为计算力。计算力是建立在网络上的所有设备，包括硬件、软件及结构方式的总集成。其指标包括：运行速度、存储容量、传输速率、感知能力、行为能力、算法编程能力、数据处理能力、系统集成能力等。计算力是人工智能中计算机模拟的最基础性能力，目前计算力中的所有指标离人工智能及其数据、算法的要求差距甚大，而且很多指标无法在短时期内得以解决。

由此可以看出，人工智能的发展还将不断继续，对人工智能的研究任重而道远。

第二节　视觉艺术及其发展

艺术被定义为人类创造性技能和想象力的表达或应用，其传递着艺术家的情感力量以及对于"美"的独特认知。从古至今，人类一直通过自身创造的视觉形象来传达信息，他们对人类历史文化的传承和人们的精神生活都有着深远的影响，而这些视觉形象正是如今所定义的"视觉艺术"。

视觉艺术最早可以追溯到尚无法通过文字记载的旧石器时代，这个时期所创作的作品也被称为史前视觉艺术。当时的视觉艺术主要以雕塑、绘画、彩陶等为创作的载体，通过自然、质朴的形式传达当时人们的现实生活。其中最著名的就是西班牙阿尔塔米拉洞窟壁画和法国拉斯科洞窟壁画，这些壁画写实地表现出了 1.5 万年前穴居原始人类生活的情景，那时的人们已经懂得使用有色的土和石头研磨成粉末状当作颜料，用蕨草和羽毛当作画笔，选择浓重的红色、黄色和黑色写实粗犷地描绘动物，也懂得利用岩壁天然的起伏来巧妙地表现人类狩猎的情景以及当时人物的画像。像是虎、豹、豺、狼等这些对人类有威胁的动物大多被绘制在朝外的岩壁上，而温顺可靠的牛、马、鹿等动物就被绘制在了朝着洞窟内部的岩壁上。这种绘画布局也可以说明，这些壁画表达了当时人们对于自然力量的敬畏和理解，同时也忠实地记录下了史前文明中的哲学、文化的面貌。

中世纪艺术所表达和传达的内容让实质属于一种信仰艺术，中世纪艺术并不十分注重对于客观世界的真实描写，而是更倾向以夸张、变形等手法去强调表现精神世界，通常运用改变空间序列等手法来达到强化表现张力的目的。随着中世纪建筑领域的高度发展，各种形式的大型建筑大量修建，教堂内部外部的雕刻、镶嵌画、壁画、插图画以及各种小型艺术也获得了不同形式的繁荣发展。由于绘画的视觉特性，即使是不识字的人也能通过视觉和一连串的视觉思维来获得认知，从而了解和欣赏这种视觉艺术所传达的思想理念。

文艺复兴时期，发展浪潮带来的技术发展和新的价值观带来了大量优秀的艺术作品。艺术风格逐渐脱离了中世纪艺术在传统功能方面的束缚，开始于与建筑艺术相结合。艺术家也逐渐被认同是具有创造天赋的个体，脱离以往风格开始注重描绘人类的思想。比如意大利画家乔托·迪·邦多纳的装饰壁画作品《哀悼基督》，作者运用了新颖的手法去描绘光影、空间和物体，构图也突破了中世纪平面而抽象化的定式，展开表现心灵与情感的场景，画面具有强烈故事性、象征性和叙事性。

18世纪后期，人们开始以更理性、更科学的方式处理政治、社会和经济问题，这一思想转变造就了启蒙时代。独立研究的新思潮、新技术带来的变革以及不同地区的人文逐渐融合都不断冲击着传统价值观。随着社会结构和价值观的改变，艺术已不仅仅是一种为政治服务的载体。

相较于传统时期的视觉艺术作品，进入启蒙时代后的现代视觉艺术作品已经逐渐具有了个性化的标签。艺术家们为个人表现和情感内容保留了足够的创作空间，他们在作品中投入极具感染力和个人情绪的色彩张力，倾向选择强烈的色彩对比、清晰的构图效果来创造丰富的画面效果，强烈渴望把自己的思想付诸画面。在创作过程中将视觉色彩进行系统化的混合，并运用简化的形象创造出一种更为稳固和规整的构图，可以使得画面整体风格更具个性化，形成了一种风格化标签。

艺术家对于艺术所保有的开放式理念以及独到理解都为后来的艺术家们带来了许多新的视角和路径。

在此后的视觉艺术发展浪潮中，艺术家们越来越敢于通过更加开放、更加新奇、更加大胆的艺术行为去传达自身对于美的认知，也逐渐改变着视觉艺术原本的面貌，影响着艺术家们之后的思维模式和创作手段。

随着现如今新的科技、新的媒介和新的互动方式不断涌现，视觉艺术的表现形式也更加多元化，例如装置艺术、新媒体艺术和交互艺术也越来越被受众所喜爱。这也反映出了当代语境下视觉艺术"跨界、先锋、变革"的时代趋势，而且在创作方式和传播方法上也愈加不能缺少科学技术的参与。

因此，随着当代视觉艺术创作手段的增强和受众审美口味的变化，都不约而同地在硬件和软件方面，给当代的视觉艺术创作提供了新的机遇与挑战。

第三节　人工智能技术与视觉艺术创作的契合

从对视觉艺术的发展脉络进行梳理的过程中不难发现，虽然身处不同发展阶段，但艺术家们都在各自所在的时期孜孜不倦拓展着视觉艺术的疆界。在当代视觉艺术的语境下,宽广的创作主题和表现风格,丰富的呈现媒介和科学技术,使视觉艺术创作不再像以往局限于颜料、画笔和画布的手工绘制,呈现出科学技术辅助视觉艺术创作的态势。从另一个视角也表现出,视觉艺术创作需要突破以往固有的表现空间,借助更加多元化的表现媒介,使当代视觉艺术家们的创作形式从传统单一向更加多元融合的方向不断探索与尝试着,拓宽着当代视觉艺术创作的更多可能性。

一、人工智能技术的优势

人工智能技术相较于人类具有四项优势:①运算能力高超,人工智能相关算法能够在极短时间内完成对于庞大数据库的调配和运用;②数据储备完善,人工智能能够消化在庞大的数据支持,学习数据、积累经验并不断完善自身的智能化水平;③工作时间无限,人工智能的实现依托于计算机的运算,这也保证了长时间持续工作的状态;④产出效率稳定,人工智能技术不受主观因素影响,能够稳定、高效地解决不同的问题。

人工智能技术所具备的优势能够促使计算机在面对待解决问题时,会通过不断地积累经验、列举对比、优化方案以及探索新方案,选择出最佳的解决方案。随着人工智能所积累的经验增加,其对事物关系的洞察力也会逐步提高,从而也会不断反哺提高自身解决问题的能力。

二、视觉艺术创作的需求

第一,创作灵感的启发。在视觉艺术创作的初期阶段,设计师在寻找灵感和前期调研方面的投入程度对于整体创作的设立至关重要。但恰恰与理想化的创作流程相悖,缺乏灵感来源和创作思路的情况却在实际的创作过程中经常出现。这样一来,也就意味着在视觉艺术创作开始之前,就已经需要设计师利用大量的时间和精力去针对不同的创作主题进行资料收集、整理、定位和分析,以这些信息资料等素材来启发设计师的创作思路,刺激他们产生创作的灵感。

第二,视觉元素的收集。因为视觉艺术创作主题的无限性和表现风格的逐渐多元化,这也推进和要求着设计师需要在日常的工作生活之中,需要练就关于视觉元素的敏锐捕捉能力,此外还要时常保持着经营性的思维去收集、积累和整理具有一定参考价值的素材，也要善于探索和发掘包含着创作、再加工等潜质的事物。不但在整个积累的过程会消耗大量的时间和精力去进行搜索、挑选和记忆，同时也会因为一些包括分散的资料存储和延迟的资料更新等，这些不可控的因素都会在一定程度上影响着创作工作的效率。

第三，重复步骤的调整。实际的工作内容中存在着很多简单、重复性高的步骤，比如一系列海报中个别小的设计元素需要更换，或者横式排版在保持视觉元素不变的情况下需要调整为竖式排版，再或者同一张插画需要丰富更多样的色彩搭配等。这些工作看似只是需要简单的调整，似乎不再需要设计师再进行的创作加工，但仅仅只是这些细微的变化也需要花费时间精力去进行多次"调整—比对—再调整"的重复过程。

三、人工智能与视觉艺术创作的融合

随着辅助视觉艺术创作的硬件条件不断提升，视觉艺术的表现形式已逐渐从手工制作向计算机制作转化。与此同时，当前背景下的视觉艺术创作环境也包含了无限的创作主题和多元的表现风格，视觉艺术的创作单从启发灵感或提取风格元素都绝非易事，这也从而导致了视觉艺术创作中存在着创作效率滞后等问题。在日益增长的庞大数据下，则非常有必要探寻能够帮助设计师应对在视觉艺术创作中需要时间积累且重复性强的素材整理工作。

人工智能技术其高效、客观且稳定的特点与视觉艺术创作过程中所需要的整理海量素材以及一些简单重复工作等花费大量时间精力等问题相契合，从而使得设计师能够很专注于更稳定且有效率构思灵感和创作思路。

由于近年数据量的上涨、运算能力的提升和机器学习新算法的出现，使得人工智能理论以及技术也日益发展成熟。目前，对于人工智能的科学研究主要依靠机器学习得以实现。而深度学习作为一种实现机器学习的技术，随着在近年来的不断发展，已在社会中受到广泛关注，在图像分割、目标检测、生物图像识别等图像处理领域取得了较为深入的应用。若能促进艺术学科与计算机学科的沟通、讨论和实践，也许就能够尝试着利用人工智能的技术优势去解决视觉艺术创作中存在的一些关于创作效率以及创作形式等方面的需求。

当今社会中人们对于艺术的需要程度，也绝对不亚于传统社会对艺术的需求。科学与艺术对人类发展起着互相补益的作用，两者均包含着创造性思维并寻求问题的解决。符合智能时代需求的视觉艺术新形式，或许能够在深度学习技术的发展和应用之中孕育而生。这也会提醒正处在智能时代的艺术家们在把握住传统视觉艺术文化的同时，也需要了解基础的相关技术和发展动向，从而更积极地探索新的艺术形式，更好地适应新的创作路径。

第二章　人工智能基础技术研究

第一节　概念与知识表示

一、概念表示

对于人工智能来说，知识是最重要的部分。知识由概念组成，概念是构成人类知识世界的基本单元。人们借助概念才能正确地理解世界，与他人交流，传递各种信息。如果缺少对应的概念，将自己的想法表达出来是非常困难甚至是不可能的。能够准确地使用各种概念是人类一项重要且基本的能力。鉴于知识自身也是一个概念，因此，要想表达知识，能够准确表达概念是先决条件。

要想表示概念，必须将概念准确定义。从古至今，人们一直在研究定义一个概念。1953 年以前，一般认为概念可以准确定义，而有些缺少准确定义的概念仅仅是由于人们研究不够深入、没有发现而已。遵循这样信念的概念定义，可以称之为概念的经典理论。直到 1953 年维特根斯坦[①]《哲学研究》的发表，使得上述信念被证伪，即不是任何概念都可以被精确定义。比如，许多日常生活中使用的概念（如猫、狗等）并不能被精确定义。这极大地改变了人们对概念的认识。在经典概念定义不一定存在的情况下，概念的原型理论、样例理论和知识理论先后被提出。下面将依次叙述这些理论。

（一）经典概念理论

所谓概念的精确定义，就是可以给出一个命题，亦称概念的经典定义方法。

---

① 路德维希·约瑟夫·约翰·维特根斯坦（Ludwig Josef Johann Wittgenstein，1889 年 4 月 26 日—1951 年 4 月 29 日），是 20 世纪最有影响力的哲学家之一，其研究领域主要在数学哲学、精神哲学和语言哲学等方面。

在这样一种概念定义中，对象属于或不属于一个概念是一个二值问题个对象要么属于这个概念，要么不属于这个概念，二者必居其一。一个经典概念由三部分组成，即概念名、概念的内涵表示、概念的外延表示。

概念名由一个词语来表示，属于符号世界或者认知世界。

概念的内涵表示用命题来表示，反映和揭示概念的本质属性，是人类主观世界对概念的认知，可存在于人的心智之中，属于心智世界。所谓命题，就是非真即假的陈述句。

概念的外延表示由概念指称的具体实例组成，是一个由满足概念的内涵表示的对象构成的经典集合。概念的外延表示外部可观可测。

经典概念大多隶属于科学概念。比如，偶数、英文字母属于经典概念。

偶数的概念名为偶数。偶数的内涵表示的命题为：只能被 2 整除的自然数。偶数的外延表示为经典集合 $\{0, 2\ 4\ 6\ 8\ 10\cdots\}$。

英文字母的概念名为英文字母。英文字母的内涵表示的命题为：英语单词里使用的字母符号（不区分字体）。英文字母的外延表示为经典集合 $\{a, b\ c\ d\ e\ f\ g\ h\ i\ j\ k\ l\ m\ n\ o\ p\ q\ r\ s\ t\ u\ v\ w\ x\ y\ z\}$。

经典概念在科学研究、日常生活中具有极其重要的意义。如果限定概念都是经典概念，则既可以使用其内涵表示进行计算（即所谓的数理逻辑也可以使用其外延表示进行计算（对应着集合论）。下面进行简单的介绍。

（二）数理逻辑

在自然语言中，不是所有的语句都是命题。

（1）您去电影院吗？

（2）看花去！

（3）天鹅！

（4）这句话是谎言。

（5）哎呀，您……

（6）$x=2$

（7）两个奇数之和是奇数。

（8）欧拉常数是无理数。

（9）有缺点的战士毕竟是战士，完美的苍蝇毕竟是苍蝇。

（10）任何人都会死，苏格拉底是人，因此，苏格拉底是会死的。

（11）如果下雨，则我打伞。

（12）三角形的三个内角之和是180°，当且仅当过直线外一点有且仅有一条直线与已知直线平行。

（13）李白要么擅长写诗，要么擅长喝酒。

（14）李白既不擅长写诗，又不擅长喝酒。

在以上这些句子中，（1）～（6）都不是命题，其中（1）（2）（3）（5）不是陈述句。（4）不能判断真假，既不能说其为真，又不能说其为假，这样的陈述句称为悖论。（6）的真假值依赖于 x 的取值，不能确定。

（7）～（14）都是命题。作为命题，其对应真假的判断结果称为命题的真值，真值只有两个：真或者假。真值为真的命题称为真命题，真值为假的命题称为假命题。真命题表达的判断正确，假命题表达的判断错误，任何命题的真值唯一。在以上的例子中，（7）是假命题。虽然到现在也不知道欧拉常数是不是无理数，但是欧拉常数作为一个实数是确实存在的，其要么是无理数，要么是有理数；必定是真命题，或者假命题，并不是悖论，具有唯一的真值，只是现在的我们还不知道其真假。人们是否知道对于判断其是否命题并不重要。因此（8）是命题。虽然（9）～（14）也是命题，但是其复杂性比（7）（8）要高。实际上，作为命题，（7）（8）不能再继续分解成更为简单的命题，这种不能分解为更简单命题的命题称为简单命题或者原子命题。在命题逻辑中，简单命题是基本单位，不再细分。在日常生活中，经常使用的命题大多不是简单命题，而是通过联结词联结而成的命题，称为复合命题，如（9）～（14）。

在命题逻辑中，简单命题常用 p、q、r、s、t 等小写字母表示。复合命题则用简单命题和逻辑词进行符号化。常见的逻辑联结词有五个——否定联结词、合取联结词、析取联结词、蕴涵联结词、等价联结词。在数理逻辑中，真用"1"来表示，假用"0"来表示。

否定联结词是一元联结词，其符号为¬。设 p 为命题，复合命题"非 p"（或 p 的否定）称为 P 的否定式，记作 ¬p。规定 ¬p 为真当且仅当 p 为假。在自然语言中，否定联结词一般用"非""不"等表示，但是，不是自然语言中所有的"非""不"都对应否定联结词。

合取联结词为二元联结词，其符号为∧。设 p, q 为两个命题，复合命题"p 且 q"并且（或"p 与 q"）称为 p 与 q 的合取式，记作 $p\wedge q$。规定 $p\wedge q$ 为真当且仅当 p 与 q 同时为真。在自然语言中，合取联结词对应相当多的连词，如"既……又……""不但……而且……""虽然……但是……""一面……一面……""一边……一边……"等都表示两件事情同时成立，可以符号化为∧。同时，也需要注意不是所有的"与""和"对应∧。

析取联结词为二元联结词，其符号为∨。设 p, q 为两个命题，复合命题"p 或者 q"称为 p 与 q 的析取式，记作 $p\vee q$。规定 $p\vee q$ 为假当且仅当 p 与 q 同时为假。特别需要注意的是，自然语言中的"或者"与∨不完全相同，自然语言中的"或者"有时是排斥或，有时是相容或。而在数理逻辑中，∨是相容或。

蕴涵联结词为二元联结词，其符号为→。设 p, q 为两个命题，复合命题"如果 p 则 q"称为 p 与 q 的蕴涵式，记作 $p\to q$。规定 $p\to q$ 为假当且仅当 p 为真且 q 为假。$p\to q$ 的逻辑关系为 q 是 p 的必要条件。使用蕴涵联结词→，必须注意自然语言中存在许多看起来差别很大的表达方式，如"只要 P，就 q""因为 p，所以 q""p 仅当 q""只有 q 才 p""除非 q 才 p""除非 q，否则非 p"等都对应于命题符号化 $p\to q$。同时，必须注意到当 p 为假时，无论 q 为真或为假，$p\to q$ 总为真。日常生活里 $p\to q$ 中的前件 p 与后件 q 往往存在某种内在关系；而在数理逻辑里，并不要求前件 p 与后件 q 有任何联系，前件 p 与后件 q 可以完全没有内在联系。

等价联结词为二元联结词，其符号为↔。设 p, q 为两个命题，复合命题"p 当且仅当 q"称为 P 与 q 的等价式，记作 $p\leftrightarrow q$。规定 $p\leftrightarrow q$ 为真当且仅当 p 与 q 同为真或同为假。$p\leftrightarrow q$ 意味着 p 与 q 互为充要条件。不难看出，$(p\to q)\wedge(q\to p)$ 与 $p\leftrightarrow q$ 完全等价，都表示 p 与 q 互为充要条件。

现在，可以将命题符号化了。以（7）~（14）命题符号化为例。

（7）令 p：两个奇数之和是奇数。

其真值为 0。

（8）令 p：欧拉常数是无理数。

其真值确定，现在未知。

（9）令 p：有缺点的战士毕竟是战士。q：完美的苍蝇毕竟是苍蝇。

则原命题可以符号化为：$p \wedge q$ 其值为真。

（10）令任何人都会死。q：苏格拉底是人。r：苏格拉底是会死的。

则原命题可以符号化为：$(p \wedge q) \rightarrow r$。

（11）令 p：下雨。q：我打伞。

则原命题可以符号化为：$p \rightarrow q$。

（12）令 p：三角形的三个内角之和是 180°。q：过直线外一点有一条直线与已知直线平行。

则原命题可以符号化为：$p \leftrightarrow q$。

（13）令 p：李白擅长写诗。心李白擅长喝酒。

则原命题可以符号化为：

（14）令 p：李白擅长写诗。q：李白擅长喝酒。

则原命题可以符号化为：$\neg p \wedge \neg q$。

通过定义逻辑联结词和将命题符号化，可以在命题范围内进行推理和计算。比如很容易证明，$p \rightarrow q \Leftrightarrow \neg p \vee q$ 两个逻辑公式是逻辑等价的（用 $\Leftrightarrow$ 表示逻辑等价）。

遗憾的是，命题逻辑并不总是能够处理日常生活中的简单推理，如（10）是著名的苏格拉底三段论，其显然恒为真。但是如果使用命题逻辑，只能分解到简单命题，将不能推断出命题恒为真。对于日常生活中的逻辑推理来说，简单命题并不是最终的基本单位，还需要进一步分解。由于命题是陈述句，根据语法，一般可以分为主语谓语结构或者主语谓语宾语结构。将命题进一步分解研究的逻辑称为谓词逻辑。

在谓词逻辑中，主语宾语都对应于研究对象中可以独立存在的具体或者泛指的客体，称为个体词，具体的如苏格拉底、李白、太阳等，泛指的如人、奇数、三角形等。表示具体或者特指的客体的个体词称作个体常项，常用小写英文字母 a，b，c 等表示，如可以用 a 表示李白、b 表示苏格拉底等。表示泛指的个体词称为个体变项，常用 x，y，z 等表示。谓语是用来刻画个体词性质或者个体词之间相互关系的，在谓词逻辑中称为谓词，常用大写字母 F，G，H 等表示。同个体词一样，谓词也有常项和变项之分。表示具体性质或关系的谓词称为谓词常项，表示泛指或者抽象的性质或者关系的谓词称为谓词变项。无论谓词常项或者变项都用大写字母 F，G，H 等表示，是谓词常项还是谓词变项依赖上下文确定。一般地，含有 n 个（$n \geq 1$）个体变项 x_1，$x_2 \cdots x_n$ 的谓词 F 称为 n 元谓词，记作 $F(x_1, x_2 \cdots x_n)$。当 $n = 1$ 时，$F(x_1)$ 表示 x_1 具有性质 F；当 $n \geq 2$ 时，$F(x_1, x_2 \cdots x_n)$ 表示 x_1，$x_2 \cdots x_n$ 具有关系 F。n 元谓词是以个体域为定义域、以 $\{0,1\}$ 为值域的 n 元函数或者关系。有时将没有个体变项的谓词称为 0 元谓词，如 $H(a)$，$G(a,b)$，$F(a_1,a_2,\cdots,a_n)$ 等都是 0 元谓词。当 F，G，H 等是谓词常项时，0 元谓词就是命题。任何命题都是 0 元谓词，命题完全可以看作是特殊的谓词。

在日常生活的逻辑推断中，经常需要建立个体变项与个体常项之间的数量替代关系（如苏格拉底三段论），并用量词来表示。在谓词逻辑中，有全称量词和存在量词两种量词。

常见词如"一切""所有""任意""每一个""凡""都"等都称为全称量词，符号为 $\forall$。$\forall x$ 表示个体域里的所有个体，而个体域事先确定。$\forall x H(x)$ 表示个体域里所有个体 x 都有性质 H，$\forall x \forall y G(x, y)$ 表示个体域里所有的 x 和 y 都有关系 G，这里 H，G 是谓词。需要注意的是，有多个谓词时，个体域可能不同，因此需要限定个体变项的个体域。用来限定个体变项的个体域的谓词称为特性谓词。对于全称量词，个体变项的特性谓词与其对应的谓词之间的关系是蕴涵关系。

常见词如"存在""有一个""有的""至少有一个"等都称为存在量词，符号为 $\exists$。$\exists x$ 表示个体域里的某个个体，而个体域事先确定。$\forall \exists H(x)$ 表示个体域里某个体 x 具有性质 H，$\exists x \exists y G(x, y)$ 表示个体域里某个 x 和某个 y 有关系 G，这里 H，G 是谓词。同样的，有多个谓词时，个体域可能不同，因此也需要特性谓词来限定个体域。对于存在量词，个体变项的特性谓词与其对应的谓词之间的关系是合取关系。

现在，可以将（7）~（14）谓词符号化。

（7）令 $F(x)$：x 是奇数。

则原命题可以谓词符号化为 $\forall x \forall y (F(x) \wedge F(y) \rightarrow F(x+y))$。

（8）令 a：欧拉常数 $F(x)$：x 是无理数。

则原命题可以谓词符号化为 $F(a)$。

（9）令 $F(x)$：x 是战士；$G(x)$：x 是苍蝇；$S(x)$：x 是有缺点的；$P(x)$：x 是完美的。

则原命题可以谓词符号化为 $\forall x(F(x) \wedge S(x) \to F(x)) \wedge \forall x(G(x) \wedge P(x) \to G(x))$。

（10）令 $F(x)$：x 会死；$M(x)$：x 是人；a：苏格拉底。

则原命题可以谓词符号化为 $(\forall x(M(x) \to F(x)) \wedge M(a)) \to F(a)$。

（11）令 $F(x)$：x 下雨；$G(x)$：x 打伞；a：天；b：我。

则原命题可以符号化为 $F(a) \to G(b)$。

（12）令 $F(x)$：x 是三角形的三个内角之和；$G(y)$：y 是 180°；$L(x)$：x 是直线；$P(x; y)$：x 与 y 平行；$Pix(x)$：x 是一个点；$H(x; y; z)x$ 过 y 外 z。

则原命题可以符号化为 $(\forall x(F(x) \to G(x))) \leftrightarrow \forall x \forall y(L(x) \wedge Pix(y) \to \exists z(L(z) \wedge H(z,x,y) \wedge P(z,x)))$。

（13）令 a：李白 $F(x)$：x 擅长写诗；$G(x)$：x 擅长喝酒。

则原命题可以符号化为 $F(a) \vee G(a)$。

（14）令 a：李白 $F(x)$：x 擅长写诗；$G(x)$：x 擅长喝酒。

则原命题可以符号化为 $\neg F(a) \wedge \neg G(a)$。

根据以上知识，可以利用谓词、个体词和量词将命题符号化，然后在谓词逻辑范围内进行推理演算。由此，当概念的内涵表示为命题时，概念之间的组合运算可以通过数理逻辑进行。

（三）集合论

当需要定义或使用一个概念时，常常需要明确概念指称的对象。一个由概念指称的所有对象组成的整体称为该概念的集合，这些对象就是集合的元素或者成员。该概念名为集合的名称，该集合称为对应概念的外延表示，集合中的元素为对应概念的指称对象，如一元二次方程 $x^2 - 2 = 0$ 的解组成的集合、人类性别集合、质数集合等。

为了方便计算，集合通常用大写英文字母标记，例如，自然数集合 N、整数集合 Z、有理数集合 Q、实数集合 R、复数集合 C 等。因此，集合的名字常常有两个，一个用在自然语言里，对应该集合的概念名；一个用在数学里，用来降低书写的复杂度。

集合有两种表示方法：一种是枚举表示法，一种是谓词表示法。所谓集合的枚举表示法，是指列出集合中的所有元素，元素之间用逗号隔开，并把它们用花括号括起来，如 $A = \{1,2\,3\,4\,5\,6\,7\,8\,9\,0\}$、$N = \{0,1\,2\,3\,4\cdots\}$ 都是合法的表示。

谓词表示法是用谓词来概括集合中元素的属性。该谓词是与集合对应的概念的内涵表示，即其命题表示的谓词符号化中的谓词。例如，集合 $B = \{x \mid x \in R \wedge x^2 - 2 = 0\}$ 表示方程 $x^2 - 2 = 0$ 的解集。当然，集合 B 也可以用枚举表示法来表示，$B = \{\sqrt{2}, \ \sqrt{2}\}$。并不是所有的集合都可以用枚举表示法来表示，比如实数集合。

在用枚举表示法时，集合中的元素彼此不同，不允许一个元素在集合中多次出现；集合中的元素地位是平等的，出现的次序无关紧要，即集合中的元素无顺序，或者说两个集合如果在其对应的枚举表示法中元素完全相同而其出现顺序不同，则认为这两个集合是相同的。

考虑到集合中的元素对应对象，而每一个对象也可以看作一个更具体的概念，如李白是诗人这个集合中的一个元素，而李白自身也可以看作一个更为具体的概念。考虑到任何概念都有外延表示即集合对应，因此，集合的元素都可以看作集合。元素和集合之间的关系是隶属关系，即属于或者不属于，属于的记号为 $\in$，不属于的记号为 $\notin$。例如 $A = \{a, \{a,b\}, \{a\}, \{a, \{a,b\}\}\}$。这里，$a \in A$，$\{a,b\} \in A$，$\{a\} \in A$，$\{a, \{a,b\}\} \in A$，但 $b \notin A$。可以用一个树形图来表示集合的隶属关系。该树形图显然分层构成，每一层上的一个节点表示一个集合，上层节点与下一层节点有边相连当且仅当上层节点对应某集合，而下层节点对应该集合的元素。由于集合的元素都是集合，隶属关系可以看作处在不同层次上的集合之间的关系，因此，对于任何集合 A，都有 $A \notin A$。

如果同一层次的不同概念之间有各种关系，则对于同一层次上的两个集合，彼此之间也存在各种不同关系。

定义1：如果 A、B 是两个集合，且 A 中的任意元素都是集合 B 中的元素，则称集合 A 是集合 B 的子集合，简称子集，这时也称 A 被 B 包含，或者 B 包含 A，记作 $A \subseteq B$。

如果 A 不被 B 所包含，则记作 $A \nsubseteq B$。

包含的谓词符号化为：$A \subseteq B \Leftrightarrow \forall x(x \in A \rightarrow x \in B)$。

包含关系在集合中很常见，比如 $N \subseteq Z \subseteq Q \subseteq R \subseteq C$，但 $Z \nsubseteq N$。对于任何集合 A 都有 $A \subseteq A$，因此，隶属关系和包含关系都是两个集合之间的关系，对于

某些集合可以同时存在，比如 $A = \{a, \{a,b\}, b, \{a, \{a,b\}\}\}$ 和 $\{a,b\}$，既有 $\{a,b\} \in A$，也有 $\{a,b\} \subseteq A$。前者认为它们不是同一层次的集合，后者认为它们是同一层次上的集合，逻辑上都是合理的。

定义 2：如果 A、B 是两个集合，且 $A \subseteq B$ 与 $B \subseteq A$ 同时成立，则称 A 与 B 相等，记作 $A = B$。

如果 A 与 B 不相等，则记作 $A \neq B$。

相等的符号化表示为：$A = B \Leftrightarrow A \subseteq B \wedge B \subseteq A$。

定义 3：如果 A、B 是两个集合，且 $A \subseteq B$ 与 $A \neq B$ 同时成立，则称 A 是 B 的真子集，记作 $A \subset B$。

如果 A 不是 B 的真子集，则记作 $A \not\subset B$。

真子集的符号化表示为：$A \subset B \Leftrightarrow A \subseteq B \wedge A \neq B$。

例如：$N \subset Z \subset Q \subset R \subset C$，但 $Z \not\subset Z$。

定义 4：不含任何元素的集合叫作空集，记作 ϕ。

空集可以符号化表示为：$\phi = \{x | \ x \neq x\}$。

例如，21 世纪的法国国王，显然是一个空集。

定理 1：空集是一切集合的子集。

证明：任给集合 A，由子集定义可知 $\phi \subseteq A \Leftrightarrow \forall x(x \in \phi \to x \in A)$。由于右边的蕴含式前件为假而为真命题，必然 $\phi \subseteq A$ 成立。证毕。

推论：空集是唯一的。

证明：假设存在两个空集 ϕ_1，ϕ_2。根据定理 1，可以指定必有 $\phi_1 \subseteq \phi_2$，$\phi_2 \subseteq \phi_1$。根据集合相等的定义可知，必有 $\phi_1 = \phi_2$。

含有 n 个元素的集合简称 n 元集，它的含有 m（$m \leq n$）个元素的子集称为它的 m 元子集。可以证明，对于 n 元集 A，其子集总数为 2^n 个。

定义 5：集合 A 的全体子集构成的集合叫作集合 A 的幂集，记作 $P(A)$。如果 A 为 n 元集，则 $P(A)$ 有 2^n 个元素。

定义 6：在一个具体问题中，如果涉及的集合都是某个集合的子集，则称该集合为全集，记作 E。

对于不同的问题，全集定义不同。有时候，即使对同一个问题，也可以构造不同的全集来解决问题。一般说来，全集取得小一些，问题的描述和处理会简单一些，但也不能一概而论。

集合作为概念的外延表示，对应于概念之间的运算，也存在相应的运算。最基本的集合运算有并、交、对称差和相对补。

定义 7：设 A、B 为集合，A 与 B 的并集 $A \cup B$，交集 $A \cap B$，对称差 $A \oplus B$，B 对 A 的相对补集 $A-B$ 可分别定义如下：

$$A \cup B = \{x \mid x \in A \vee x \in B\}$$

$$A \cap B = \{x \mid x \in A \vee x \in B\}$$

$$A \oplus B = \{x \mid (x \in A \wedge x \notin B) \wedge (x \in B \wedge x \notin A)\}$$

$$A - B = \{x \mid x \in A \wedge x \notin B\}$$

如果两个集合的交集为空集，则称这两个集合是不交的。

在给定全集 E 以后，$A \subseteq E$，A 的绝对补集 $\sim A$ 可定义为：$\sim A = E - A = \{x \mid x \in E \wedge x \notin A\}$。

由此，可以具体计算集合之间的并、交、对称差、相对补和绝对补。

显然，当概念的外延表示为经典集合时，概念之间的计算可以由集合运算来代替。

当不能或不方便用枚举表示法来表示集合时，可以使用集合的特征函数来表示特定论域中的元素与集合的关系。一般来说，讨论集合时会限定在一个全集，待讨论的集合中的元素都是该全集的元素。当全集为 E，待讨论的集合为 A，$I_A(x) = 1$ 当且仅当 $x \in A$，否则，$I_A(x) = 0$，则 $I_A(x)$ 是集合 A 的特征函数。

（四）概念的现代表示理论

不是所有的概念都具有经典概念表示。概念的经典理论假设概念的内涵表示由一个命题表示，外延表示由一个经典集合表示，但是对于日常生活里使用的概念来说，这个要求过高，比如常见的概念如人、勺子、美、丑等就很难给出其内涵表示或者外延表示。人们很难用一个命题来准确定义什么是人、勺子、美、丑，也很难给出一个经典集合将对应着人、勺子、美、丑这些概念的对象一一枚举出来。命题的真假与对象属不属于某个经典集合都是二值假设，非 0 即 1，但现实生活中的很多事情难以以这种方式计算。

著名的"秃子悖论"可以清楚地说明这一点。所谓"秃子悖论"是一个陈述句：比秃子多一根头发的人也是秃子。如果假设"秃子"这个概念是经典概念，那么运用经典推理技术，从"头上一根头发也没有的人是秃子"这个基准论断出发，经过 10 万次推理，就可以推断出"一个人即使具有 10 万根头发也是秃子"。显然，这是一个荒谬的结论，因为一个成年人正常也就有 10 万根头发。显然，"秃子"属于经典概念这个假设并不正确。

在 1953 年出版的《哲学研究》里，通过仔细剖分"游戏"这个概念，维特根斯坦对概念的内涵表示的存在性提出了严重质疑，明确指出假设并不正确：所有的概念都存在经典的内涵表示（命题表示）。现代认知科学是这一观点的支持者，认为各种生活中的实用概念如人、猫、狗等都不一定存在经典的内涵表示（命题表示）。

但是，这并不意味着概念的内涵表示在没有发现时，该概念就不能被正确使用。实际上，人们对于日常生活中的概念应用得很好，但是其相应的内涵表示不一定存在。为此，认知科学家提出了一些新概念表示理论，如原型理论、样例理论和知识理论。

原型理论认为一个概念可由一个原型来表示。一个原型既可以是一个实际的或者虚拟的对象样例，也可以是一个假设性的图示性表征。通常，假设原型为概念的最理想代表。比如"好人"这个概念很难有一个命题表示，但在中国，好人通常用雷锋来表示，雷锋就是好人的原型。又比如，对于"鸟"这个概念，成员一般具有羽、卵生、有喙、会飞、体轻等特点，麻雀、燕子都符合这个特点而鸵鸟、企鹅、鸡、家鸭等不太符合鸟的典型特征。显然，麻雀、燕子适合作为鸟的原型，而鸵鸟、企鹅、鸡、家鸭等不太适合作为鸟的原型，虽然其也属于鸟类，但不属于典型的鸟类。因此，在原型理论里，同一个概念中的对象对于概念的隶属度并不都是 1，会根据其与原型的相似程度而变化。在概念原型理论里，一个对象归为某类而不是其他类仅仅因为该对象更像某类的原型表示而不是其他类的原型表示。

在日常生活中，这样的概念很多，如秃子、美人、吃饱了等。在以上这些概念之中，概念的边界并不清晰，严格意义上其边界是模糊的。正是注意到这一现象，扎德于 1965 年提出了模糊集合的概念，其与经典集合的主要区别在于对象属于集合的特征函数不再是非 0 即 1，而是一个不小于 0、不大于 1 的实数。据此，基于模糊集合发展出模糊逻辑，可以解决秃子悖论问题。

但是，要找到概念的原型也不是简单的事情。一般需要辨识属于同一个概念的许多对象，或者事先有原型可以展示才可能。但这两个条件并不一定存在。特别是20世纪70年代儿童发育学家通过观察发现，一个儿童只需要认识同一个概念的几个样例，就可以对这几个样例所属的概念进行辨识，但其并没有形成相应概念的原型。据此，又提出了概念的样例理论。

样例理论认为概念不可能由一个对象样例或者原型来代表，但是可以由多个已知样例来表示。理由是，一两岁的婴儿已经可以正确辨识什么是人、什么不是人，即可以使用"人"这样的概念了。但是一两岁的婴儿接触的人的个体数量非常有限，其不可能形成"人"这个概念的原型。这实际上与很多人的实际经验也相符。人们认识一个概念，比如认识"一"这个字，显然，只可能通过有限的这个字的样本来认识，不可能将所有"一"这个字的样本都拿来让人学习。在样例理论中，一个样例属于某个特定概念 A 而不是其他概念，仅仅因为该样例更像特定概念 A 的样例表示而不是其他概念的样例表示。在样例理论里，概念的样例表示通常有三种不同形式：由该概念的所有已知样例来表示；由该概念的已知最佳、最典型或者最常见的样例来表示；由该概念的经过选择的部分已知样例来表示。

认知科学家发现在各种人类文明中都存在颜色概念，但是具体的颜色概念各有差异，并由此推断出单一概念不可能独立于特定的文明之外而存在。由此形成了概念的知识理论。知识理论认为，概念是特定知识框架（文明）的一个组成部分。但是，不管怎样，认知科学总是假设概念在人的心智中是存在的。概念在人心智中的表示称为认知表示，其属于概念的内涵表示。

不同的概念具有不同的内涵表示，可能是命题表示，可能是原型表示，可能是样例表示，也可能是知识表示，当然也可能存在不同于以上的认知表示。对于一个具体的概念，到底是哪一种表示，需要根据实际情况具体研究。

二、知识及知识表示

世界上任何学科均有其特定研究对象，对人工智能学科而言也是如此。人工智能学科的研究对象是知识，对它的研究都是围绕知识而展开的，如知识的概念、知识的表示、知识的组织管理、知识的获取、知识的应用等，它们构成了整个人工智能的研究内容。

（一）知识及知识表示概述

1. 知识及其分类

知识是人们在认识客观世界与改造客观世界，解决实际问题的过程中形成的认识与经验并经抽象而成，因此知识是认识与经验的抽象体。知识是由符号组成，同时包括符号的语义。因此从形式上看，知识是一种带有语义的符号体系。一般而言，知识的抽象性决定了它具有强大的指导性与影响力，因此人们常说：知识就是力量，知识是人类精神财富。知识是人工智能学科的基础，有关人工智能学科的讨论都是围绕知识而展开的。

按不同的角度，知识可以分为以下三类：

（1）按层次分类。知识是由一个完整体系组成，包括由底向上的四个层次，如下：

第一，对象。对象是客观世界中的事物，如花、草、人、鸟等。对象并不组成完整的认识与经验，因此它并不是知识，它是知识的一个组成部分，在知识构成中是起到核心作用的。因此对象是知识的最基本与关键组成部分。对象有常值与变值之分，如"鲁迅"是常值对象，而由许多作家组成的作家集合中的一个作家变量 x 是变值对象。

第二，事实。事实是关于对象性质与对象间关系的表示。事实是一种知识，它所表示的是一种静态的知识。在知识体系中它属最底层、最基础的知识，如"花是红的""人赏花"等均为知识，前者表示对象"花"的性质，后者表示对象"人"与"花"间的关系。与对象一样，事实也有常值与变值之分，如事实中所有对象均为常值则称为常值事实，而如事实中含有变值对象则称为变值事实。例如：上面的"人赏花"是常值事实，而如果人观赏的是花、景、物中可变的一个，则是变值事实。变值事实反映了更为广泛与抽象的性质与关系，如父子关系、上下级关系、同窗关系等。

第三，规则。规则是客观世界中事实间的动态行为，它是知识，反映了知识间与动作相联系的知识，它又称推理。目前常用的推理有演绎推理（有时又称推理）、归纳推理。由一般性知识推导出个别与局部性知识的推理称为演绎推理。在该推理中，有大前提和小前提后必可推得结果。这个规则是由大前提和小前提两个事实出发可推得结果这个事实。而由个别与局部性知识推导出一般性知识的推理称为归纳推理。归纳推理是演绎推理之逆。规则大都为变值规则，这使规则具有广泛的使用价值。

第四，元知识。元知识是有关知识的知识，是知识体系中的顶层知识。它表示的是控制性知识与使用性知识。如规则使用的知识，事实间约束性知识等。

上述介绍的四个知识层次中，对象是最基础的，事实由对象组成，规则是由事实组成，元知识是控制和约束事实与规则的知识。

（2）按内容分类。

第一，常识性知识：泛指普遍存在且被普遍接受了的客观知识，又称常识。

第二，领域性知识：指的是按学科、门类所划分的知识，如医学中的知识、化学中的知识，均属领域性知识。

（3）按确定性分类。

第一，确定性知识：可以确定为"真"或"假"的知识称为确定性知识。下面如不作特别说明，所说的知识均为确定性知识。

第二，非确定性知识：凡不能确定为"真"或"假"的知识称为非确定性知识。如有知识"清明时节雨纷纷"，它表示在大多情况下清明时节会下雨，但并不能保证所有年份清明时节、所有地区均有下雨。

上述介绍的事实、规则等都是知识的基本单元，随着人工智能的发展，知识的复杂性与体量均已大大增强，为此需要用多个知识单元通过一定的结构方式组成一个模型才能表示复杂的、大体量的知识，这种知识称为知识模型。如机器学习中经过训练的人工神经模型、深度学习中的卷积神经模型等均是知识模型。

2. 知识表示

知识是需要表示的，为表示的方便，一般采用形式化的表示，并且具有规范化的表示方法，这就是知识表示。在人类智能中知识蕴藏于人脑中，但在人工智能中是需要用知识表示的方式将知识表示出来以便于对它讨论与研究。知识表示就是用形式化、规范化的方式对知识的描述。其内容包括一组事实、规则以及控制性知识等，部分情况下还会组成知识模型。

"知识的表示方法是至关重要的，它不仅决定了知识应用的形式，而且也决定了知识处理的效率和实现的域空间规模的大小，其成功与否直接关系到智能设计专家系统的水平。"[①] 常用的知识表示方法包括产生式表示法、状态空间表示法、谓词逻辑表示法、知识图谱表示法。

（二）产生式表示法

产生式表示法，使用类似于文法的规则，对符号串作替换运算。产生式系统结构方式可用以模拟人类求解问题时的思维过程。

产生式表示法是人工智能中最常见的与简单的一种表示法。当给定的问题要用产生式系统求解时，要求能掌握建立产生式系统形式化描述的方法，所提出的描述体系具有一般性。

产生式表示法中目前有两种表示知识的方法，它们是事实与规则，其中事实表示对象性质及对象间的关系，是指对问题状态的一种静态度描述，而规则是事实间因果联系的动态表示。

1. 产生式表示法的知识组成

产生式表示法的知识由事实与规则组成，它也可表示部分元知识。

（1）事实表示。产生式中的事实表示有性质与关系两种表示法：

第一，对象性质表示。对象性质可用一个三元组表示：（对象，属性，值）。它表示指定对象具有指定性质的某个指定值，如（牡丹花，颜色，红）表示牡丹花是红色的。

第二，对象间关系表示。对象间关系可用一个三元组表示：（关系，对象1，对象2）。它表示指定两个对象间所具有指定的某个关系，如（父子，王龙，王晨）表示王龙与王晨间是父子关系。

一个给定问题的产生式系统可组成一个事实集合体称为综合数据库。

（2）规则表示。规则是事实间因果联系的动态表示。产生式规则的一般形式为：If P then Q。其中，前半部 P 确定了该规则可应用的先决条件，后半部 Q 描述了应用这条规则所采取的行动得出的结论。一条产生式规则满足了应用的先决条件 P 之后，就可用规则进行操作，使其发生变化产生结果 Q。

一个给定的问题的产生式系统可组成一个规则集合体称为规则库。

---

① 年志刚，梁式，麻芳兰，等 . 知识表示方法研究与应用 [J]. 计算机应用研究，2007（05）：234.

2. 产生式表示法与知识

第一层：产生式表示中的对象。它给出了知识中的对象。

第二层：产生式表示中的事实。它给出了知识中的事实。

第三层：产生式表示中的操作。它给出了知识中的规则。

第四层：产生式表示中的知识可设置约束。它给出了元知识。

3. 产生式表示法的评价

产生式表示法是目前人工智能中最常见的一种表示法，它在表示上有很多优点：

（1）知识表示的完整性。可以用产生式表示知识体系中全部四个部分：①用产生式中的对象表示知识中的对象；②用产生式中的事实表示知识中的事实；③用产生式中的规则表示知识中的规则；④用产生式表示知识中的部分元知识。

此外，用产生式表示的知识以确定性知识为主，但也在一定程度上可以表示非确定性知识。

（2）表示规则简单、易于使用。用产生式方法表示知识无论是对象、事实、规则都很简单，因此易于掌握使用。产生式方法表示知识也存在一定的不足，主要是：①无法表示复杂的知识。由于用产生式方法表示的知识比较简单，适用于一般知识体系的表示，但对复杂知识的表示有一定的难度，如对嵌套性、递归性知识的表示，多种形式规则的组合表示等，都存在一定困难，这是它在表示上的不足之处。②演绎性规则。用产生式方法所表示的规则仅限于演绎性规则，它无法表示归纳性规则。这也是它在表示上的另一个不足之处。

（三）状态空间表示法

状态空间表示法是知识表示中比较常用的方法。此方法是问题求解中通过在某个可能的解空间内寻找一个求解路径的一种表示方法。

1. 状态空间的表示

在状态空间表示法中，用"状态"表示事实，用"操作"表示规则。

（1）状态：状态是该表示法中的事实表示，有 $S = \{S_0, S_1, \cdots, S_n\}$ 的形式。其中，S 表示状态。每个状态有 n 个分量，称为状态变量。对每一个分量都给予确定的值时，就得到了一个具体的状态。一般而言状态是有一定条件约束的。

（2）操作：操作是从一种状态变换为另一种状态的一种动态行为，又称算符，是该表示法中的规则表示。一般而言这种变换是有一定条件约束的。操作的对象是状态，在操作使用时，它将引起该状态中某些分量值的变化，从而使得状态产生变化，从一种状态变为另一种状态。因此操作也可视为状态间的一种关联。

（3）状态空间：状态空间用于描述一个问题的全部状态及这些状态之间的相互关系。状态空间可用一个三元组（S，F，G）表示。其中，S 为问题的所有初始状态的集合；F 为操作的集合，用于把一个状态转换为另一个状态；G 为 S 的一个非空子集，为目标状态的集合。

状态空间也可以用一个带权的有向图来表示，该有向图称为状态空间图。在状态空间图中，结点表示状态，有向边表示操作，而整个状态空间就是一个知识模型。

2．状态空间与知识表示

在状态空间表示中可分为以下五层：

第一层：状态分量。它给出了知识中的对象。

第二层：状态。状态由状态分量组成，它给出了知识中的事实。

第三层：状态的操作。状态的操作建立了由一种状态到另一种状态的变换，它是状态空间中的动态行为，它给出了知识中的规则。

第四层：状态与其操作均可设置约束。它给出了元知识。

第五层：状态空间。它给出了知识模型。

3．状态空间表示法的评价

状态空间表示法是目前人工智能中常见的一种表示法，它在表示上有很多优点：

（1）知识表示的完整性。可以用状态空间表示知识体系中全部四个部分：①用状态空间中的对象表示知识中的对象；②用状态空间中的状态表示知识中的事实；③用状态空间中的操作表示知识中的规则；④用状态空间表示知识中的部分元知识，如约束性知识。

（2）表示简单、易于使用。用状态空间方法表示知识无论是对象、事实、规则都很简单，因此易于掌握使用。状态空间方法表示知识也存在一定的不足，主要是：①适合于知识获取中的搜索策略，无法表示复杂的知识。状态空间方法表示目前主要应用于知识获取中的搜索策略，同时它的知识表示结构简单，适用于一般知识体系的表示，对复杂知识的表示有一定的难度。②演绎性规则。用状态空间方法所表示的规则仅限于演绎性规则。这也是它在表示上的另一个不足之处。

（四）谓词逻辑表示法

谓词逻辑表示法采用数理逻辑中的符号逻辑表示知识的方法，这是一种典型的符号主义知识表示法，它能表示知识中的对象、事实、规则及元知识。

1. 谓词逻辑表示的概念

谓词逻辑有以下六个基本概念：

（1）个体：个体是客观世界中的存在的独立物体，它是谓词逻辑中的最基本单位，如1，2，3，…等自然数；张三，李四等个人。它可用 a, b, c; x, y, z…等表示。个体有变量与常量之分，个体变量有变化范围称为个体域。

（2）函数与项：个体可以转换成另一个体，这种转换称为函数，函数可用 f, g、h 等表示。如个体 x 可通过函数 f 转换成个体 y，它可表示为：$y = f(x)$。而个体及由函数所生成的个体统称为项。因此项也是个体，但是是一种个体的扩充。

（3）谓词：谓词表示个体之间的关系。例如兄弟关系可用 $P(x, y)$ 表示，其中，P 表示谓词"兄弟"，x，y 是个体变量，其个体域为"人"的集合。谓词是有值的，它或为 T（表示真），或为 F（表示假）。在兄弟关系中，如；x，y 分别为张彪、张虎；此时如果他们为兄弟，则有 P（张彪，张虎）=T；如不为兄弟则有 P（张彪，张虎）=F。谓词中仅有一个个体称为一元谓词；有两个个体称为二元谓词。推而广之，有 n 个个体则称为 n 元谓词。一元谓词 $P(x)$ 表示 x 的性质；二元谓词 $P(x, y)$ 表示 x 与 y 间的关系；n 元谓词 $P(x_1, x_2, \cdots, x_n)$ 则表示 $x_1, x_2, \cdots, x_n$ 这 n 个个体间的关系。

（4）量词：谓词的值是不定的，它随个体的变化而变化。例如兄弟关系 $P(x, y)$ 中，P（张彪，张虎）=T；但 P（张三，李四）=F。因此，谓词的值与个体域有关。它一般有两种：一种为个体域中存在有个体使谓词的值为 T；另一种是个体域中所有个体使谓词的值为 T。这样，由个体域与谓词的值所建立起来的关系称为量词，其中，前一种称为存在量词，后一种称为全称量词。设有谓词 $P(x)$，则存在量词可表示为：$\exists x(P(x))$；全称量词可表示为：$\forall x(P(x))$。加了量词后的谓词的值就是确定的了。

（5）命题：能分辨真假的语句称为命题。命题一般可用 P、Q、R 等表示。命题有值 T 或 F；它称为命题的真值；上面所讲的谓词及带有量词的谓词均为命题。命题有常量与变量之分。

（6）命题联结词：命题可以通过命题联结词（简称联结词）建立一种新的命题，常用联结词有 5 个。

"并且"联结词：命题 P 与 Q 的"并且"可以用 $P \wedge Q$ 表示，称 P 与 Q 的合取式。

"或者"联结词：命题 P 与 Q 的"或者"可以用 $P \vee Q$ 表示，称 P 与 Q 的析取式。

"否定"联结词：命题 P 的"否定"可以用 $\neg P$ 表示，称 P 的否定式。

"蕴含"联结词：命题 P 与的"蕴含"可以用 $P \rightarrow Q$ 表示，称 P 与的蕴含式。

"等价"联结词：命题 P 与的"等价"可以用 $P \leftrightarrow Q$ 表示，称 P 与的等价式。

2. 谓词逻辑公式

在谓词逻辑中有了这几个基本概念后就可构造谓词逻辑公式。

定义 8：原子公式。

（1）设 P 是谓词符，$t_1, t_2, \cdots, t_n$ 为项，则 $P(t_1, t_2, \cdots, t_n)$ 是原子公式。

（2）设 R 是命题，则 R 是原子公式。

定义 9：谓词逻辑合式公式（亦可简称谓词逻辑公式或公式）。

（1）原子公式是公式。

（2）如 A，B 是公式，则是 $(\neg A), (A \vee B), (A \wedge B), (A \rightarrow B), (A \leftrightarrow B)$ 公式。

（3）如 A 为公式，x 为个体变量，则（$\forall x A$），（$\exists x A$）为公式。

（4）公式由且仅由有限次使用上述三条设定而得。

定义 9 中第二条、第三条处所出现的括号可按一定的方法省略，但量词的辖域中仅出现一个原子公式时其辖域的括号可省略，否则不能省。

3. 谓词逻辑公式的解释

在谓词逻辑中，公式是一个符号串，必须给以具体的解释。所谓解释就是给公式中的个体变量指定一个具体的个体域 D，个体常量指定个体域中的一个具体个体，对 n 元函数 f 指定一个具体的从 D^n 到 D 的映射，对命题 R 指定一个 $E = \{F, T\}$ 中的值，对 m 元谓词 P 指定一个具体的从 D^m 到 $\{F, T\}$ 的映射。

一个公式经解释后才有具体的意义，即可确定其真假。

4. 谓词逻辑永真公式

公式一经给出解释就成为确定的了，此时即能分辨其真假。以此为基础就能研究公式的永真性问题。

定义10：公式 A 如至少在一种解释下有一个赋值使其为真，则称 A 是可满足的。

定义11：公式 A 在所有解释下的所有赋值均使其为真，则称 A 是永真，或称 A 为永真公式。

定义12：公式 A 在所有解释下的所有赋值均使其为假，则称 A 为永假，或称 A 为永假公式。

5. 用谓词逻辑表示知识

（1）事实性知识。可以用带解释的谓词逻辑公式表示知识。这种知识表示个体性质及个体间关系，因此是事实性知识。

（2）规则性知识。谓词逻辑中的推理可表示为规则性知识，它共有18条规则，是古希腊时期由亚里士多德所开创的以研究思维外延规律的形式逻辑中的基本性规则，这是常识性规则。而由普通蕴含公式在局部范围为真（即可满足公式）所得到的推理也是规则，这是领域性规则。

6. 谓词逻辑知识表示评价

（1）知识表示的完整性。谓词逻辑知识表示可以表示知识体系中全部四个部分：①用谓词逻辑公式中的个体及项表示知识中的对象；②用谓词逻辑公式表示知识中的事实；③用谓词逻辑规则表示知识中的规则；④用谓词逻辑表示知识中的部分元知识。

此外，谓词逻辑知识表示还可以表示常识性知识与领域性知识。

因此用谓词逻辑表示知识是比较全面与完整的。

（2）形式化与符号化。由于谓词逻辑采用数学方法，具有高度形式化与符号化，因此所表示的知识具有高度逻辑上的严密性与正确性，且可借助数学方法有利于知识的获取与使用。

谓词逻辑表示虽具有体系上的完整性，但是也存在一定的不足，主要是：①确定性知识。用谓词逻辑所表示的知识都是确定性知识，它不能表示非确定性知识，这是它在表示上的一个不足之处。②演绎性规则。用谓词逻辑所表示的规则仅限于演绎性规则，它无法表示归纳性规则。这也是它在表示上的另一个不足之处。

（五）知识图谱表示法

知识图谱是一种适用于网络环境的知识表示方法。这种方法非常简单，其重点在于描述客观世界中实体间的关系。其中基本单元是实体，实体间有关系与属性（是一种特殊关系），属性表示实体与另一实体间的一种性质关联，而关系则建立两个实体间的某种语义关联。例如有某学生，他是一个实体，他有学号、姓名、年龄、性别等，这些都是他的属性。这个学生实体通过他的属性建立起该实体的性质描述。同时一个实体还可通过关系建立起与该实体所关联的其他实体。例如某学生，他除了有属性外，还有与他有关联的其他实体，这可用关系表示，如他与父母（实体）之间的关系，他与同学（实体）之间的关系等。

在一个知识体系中有多个实体，而每个实体又有多个属性与关系，它们间相互关联，组成了一个与语义相关的网络。

"对于知识图谱而言，首要的问题是：如何从海量的数据提取有用信息并将得到的信息有效表示并储存，就是所谓的知识抽取与表示技术。"①

1. 知识图谱表示

知识图谱表示法中的知识的基本单元是实体，实体间有关系与属性（是一种特殊关系）两种关联组成，它们可用三元组表示。

（1）属性表示。实体属性可用一个三元组表示：（属性，实体1，实体2）。它表示指定实体1具有指定性质的实体2作为指定值，如（颜色，牡丹花，红）表示牡丹花是红色的。

（2）关系表示。实体间关系可用一个三元组表示：（关系，实体1，实体2）。它表示指定两个实体间所具有指定的某个关系，如（父子，王龙，王晨）表示王龙与王晨间是父子关系。

---

① 马忠贵，倪润宇，余开航．知识图谱的最新进展、关键技术和挑战 [J]．工程科学学报，2020，42（10）：1255．

知识图谱表示方法也可用一种基于有向图的知识表示方法，它由结点（Point）和边（Edge）组成。在知识图谱里，每个结点表示现实世界体中存在的"实体"，每条边为实体与实体之间的"关系"。知识图谱是关系的最有效的表示方式。知识图谱就是把所有不同实体连接在一起而得到的一个关系网络。知识图谱提供了从"关系"的角度去分析问题的能力。

在知识图谱中，每个实体有一个唯一的标识符，其属性用于刻画实体的特性，实际上属性也是一种实体，它也可用关系以连接两个实体，以表示它们之间的性质刻画关联。

2. 知识图谱与知识表示

知识图谱表示法虽然简单，但它保留了知识体系中大部分内容，如下：

第一层中的个体可用知识图谱中的实体表示。

第二层中的事实可用知识图谱中的属性表示。

第三层中的规则可用知识图谱中的关系表示。

3. 知识图谱表示法的评价

知识图谱是在互联网与大数据时代的知识表示方法，它具有明显的当代先进技术需求的特点，此表示法主要用来优化现有的网络搜索引擎，同时也方便网上海量数据分布式组织与存储。因此知识图谱具有明显的优点与缺点。

（1）知识图谱表示法的优点包括：①表示简单。知识图谱仅有实体与关系两个概念，通过这两个概念可以建立起众多实体间错综复杂的关系，并组织成一个基于海量数据的庞大知识体间相互关联的网络。②针对性强。知识图谱表示法主要针对互联网上分布式并行数据的组织与存储以及建立在其上的海量数据的搜索及应用。知识图谱虽然表示简单，但能表示对象、事实与规则等基本知识的能力。③体系完整。知识图谱表示法由于创立于著名互联网企业，并在网上得到一致的认同与使用，具有完备的开发、使用工具与操作使用经验。因此这种表示法从理论、工具、开发使用及操作经验等上、中、下游均构成完整的体系。

（2）知识图谱表示法的缺点包括：①表示能力不足。由于知识图谱表示法针对性强，对互联网上的海量知识表示与推理具有优越性，但对其他领域的应用有不少的欠缺。同时它的表示太过简单不适于描述复杂结构知识的表示。②

确定性知识。知识图谱表示法适用于确定性知识的表示，不能表示非确定性知识。同时对元知识表示能力不足。

第二节　知识图谱与推理

一、知识获取之知识图谱方法

自 21 世纪以来计算机网络及互联网的发展给人工智能带来了新的生机，其中之一就是利用互联网中海量数据用一种简单的表示方法将其直接改造成知识，这就是知识图谱表示的方法。知识图谱已成当前较为流行的知识表示方法。同时它还带动了知识工程与专家系统，使它们的发展重获新生，成为新一代人工智能的一个重要标志。

用知识图谱获取知识的方法其主要思想是充分利用互联网中的海量数据资源，通过注入语义信息后将其改造成为知识。这种方法可以用简单的手段，快速、自动获得大量知识，从而使得知识获取自动生成，非常方便、有效。

（一）知识图谱中的知识获取方法

1. 互联网中的数据

为讨论知识图谱中的知识获取，需要先从互联网中的数据谈起。它一般有结构化数据、半结构化数据及非结构化数据等三种，在网络中它们主要表现为 Web、关系数据库、文本、图像、语音的形式，其间的关系如下：

（1）结构化数据。在网络中结构化数据主要表现为关系数据库及部分 Web 数据。由于结构化数据的规范性，因此这种数据的知识化较为容易。

（2）半结构化数据。在网络中半结构化数据主要表现为 Web 数据。由于半结构化数据的规范性不足，因此这种数据的知识化较为困难。

（3）非结构化数据。在网络中非结构化数据主要表现为 Web 数据、文本、图像、语音的形式。由于非结构化数据的规范性不足，因此这种数据的知识化也较困难。

2. 互联网中数据的知识化

为实现互联网中数据的知识化，必须具备以下两个先决条件：

（1）数据的语义化。计算机中的数据是没有语义的，包括互联网上的数据也是如此。例如数据"18""代代红"即是两个没有任何意义的数据，只有赋予语义后才能成为人们所理解的知识。当18赋予饮料价格语义后，就表示为"饮料价格为18元"，当代代红赋予饮料品牌语义后，就表示为"代代红饮料品牌"。再进一步，当"饮料价格为18元"与"代代红是饮料品牌"相关联后就表示："代代红饮料品牌价格为18元"。这就成为一种知识了。

因此，数据的知识化的首要条件是数据语义化。

（2）语义的表示。在人工智能中语义是需要用统一、规范的形式表示的，这就是知识表示。对不同条件与不同环境中需用不同的表示方法，而面对网络数据的语义化环境，其表示的最佳方法就是知识图谱，它形式简单，表示的内涵丰富。如上面的"代代红饮料品牌价格为18元"中，可用知识图谱表示如下：

三个实体"18""代代红"及"饮料"，它们之间有三个关系（其中两个是属性）：（品牌，饮料，代代红）；（价格，饮料，18）；（饮料价格，代代红，18）。

有了这两个条件后就可以将网络中的大量数据转换成用知识图谱表示的大量知识。

3. 四种数据的知识化方法

常用的数据知识化方法有以下四种：

（1）人工方法。在知识图谱发展的初期，大量的数据知识化方法都是由人工标注的，即用人工手段对数据标注语义，并最终获得用知识图谱表示的知识。如维基百科的生成即是大量的由专业人士及网上志愿者群体用人工方法完成的。

（2）自动方法。随着人工智能的技术发展，特别是机器学习的发展，通过对网络中网页、文本数据及数据库数据使用抽取、分类、聚类及关联等多种方法，获取数据中的语义，并用知识图谱表示。它们可以用工具方法自动完成。目前常用的就是这种方法，它们构成了知识图谱方法推理引擎的主体部分。

（3）融合方法。目前尚有一种常用的方法是直接使用网络上现有的知识图谱，对它们作抽取与重组再适当增补从而可以融合成新的知识图谱。这也是一种自动完成的方法，但比较简单、有效。在这方面，维基百科起到了关键性的作用。由于它是网络上第一个系统、完整的知识图谱，因此接下来的几个知识图谱都是建立在它的基础上的。目前，在网络上已有更多的知识图谱，充分利用它们已建立的知识融合已成为当前一种主要的流行方法。这种方法也构成了知识图谱方法推理引擎的一部分。

（4）推理方法。除了上面这三种方法以外，还有一种辅助性的方法，就是推理方法。由于在网络上所组成的知识图谱实际上都是知识库。对知识库可以作演绎性推理，以获得更多的知识。由于知识图谱方法中并没有推理的功能，因此这种推理可使用谓词逻辑中的知识推理方法实现。这种推理方法在知识图谱方法中对知识库起到了知识补缺的作用。此外，在知识图谱的应用中，推理还可用于自动问答与自动推荐中。

上面四种方法组成了完整的基于知识图谱的知识库，而其中大量使用由计算机编程所得的软件工具，它们都是知识获取的知识引擎。

4. 自动方法的实现

在四种数据的知识化方法中，主要以自动方法为主，简单介绍其实现。

（1）结构化数据。网络中的结构化数据主要是关系数据库及网页中的表格数据。这些数据都有规范的结构模板，它们都带有语义，一般称为模式。以关系数据库为例。在关系数据库中有一个数据字典，它存放数据库中的带语义的数据模式。知识图谱中的实体与关系都可通过它获得。其中"实体"即是关系数据库实体表中的实例及相应属性值。一元关系"属性"即是实例与其中的属性值间的关系，而二元关系"关系"即是关系数据库联系表中的实例。

（2）非结构化数据。非结构化数据即是网页中的文本数据。这种数据的知识化较为困难，它需要使用自然语言理解中的词法分析、句法分析、语义分析等多种方法，涉及的人工智能知识包括抽取、分类及关联等多种方法。其过程分为以下三个步骤：

第一，实体识别：使用自然语言理解中的词法分析，从文本中找出实体。

第二，实体消歧：往往相同形式的实体但有不同语义，因而实际上是两个实体。如"特种兵"既可以是一种"兵种"，也可是一种椰汁饮品的"品牌"等，因此需要通过聚类方法实现实体消歧，所得到的实体是唯一的。

第三，关系抽取：通过实体进行分类、关联，实现了实体的一元属性抽取以及两个实体间的二元关系抽取。

（3）半结构化数据。半结构化数据是存在于网页中那些较为灵活结构的数据。它介于结构化数据与非结构化数据之间，因此所用数据的知识化方法也是根据情况，对结构化较强数据采用结构化数据的知识化方法，即固定模板方法，而对文本性强的数据则采用非结构化数据的知识化方法，即机器学习方法。

5．知识图谱的特点

从上面所获取的知识图谱表示方法具有以下特点：

（1）知识图谱是人工智能应用中最基础的知识资源。

（2）知识图谱具有语义表达能力丰富的优点。

（3）知识图谱具有表达简捷的优点。

（4）知识图谱具有表示能力统一便于不同知识间的重组与融合。

（5）知识图谱的知识来自网络，来源单一、方便，容易大量获取。

（6）知识图谱采用图结构方式，易于存储与检索，同时也有利于高效推理。

（二）著名的知识图谱介绍

目前知识图谱已经是人工智能应用中最基础的知识资源。近几年来，互联网中已有多种不同的知识图谱，它们为人工智能应用提供了最为基本的知识资源支持。下面就知识图谱分类以及各分类中著名的知识图谱作介绍。

1．知识图谱分类

（1）按性质分类。按性质分类可以将知识图谱分为以下类型：

通用的百科类知识图谱：如维基百科、百度百科等多种具有广泛知识内容的知识图谱。它们应用广泛，使用范围宽。

领域类的知识图谱：一些专业性强、具有一定专业领域的知识图谱，如法律知识、金融知识等。

场景类的知识图谱：一些背景性知识，如申请贷款的办理流程知识、出国申办护照的手续等。

语言类的知识图谱：这是一些与语言有关的知识，如"分享"的英文表示为"share""余与我有相同含义"等。

常识类的知识图谱：一些为人们公认的知识，如"人有两条腿""天下乌鸦一般黑"等。

（2）按层次分类。按知识图谱获取技术水平的先后可分为以下三个层次：

第一层：它是最早期、最原始以直接的方式从互联网上得到的知识图谱。以专业人员及大量志愿者群体以手工方式获取为主。

第二层：它是建立在以原始层为主的知识图谱上通过融合重组而成的，并辅以人工 / 自动获取手段。

第三层：随着人工智能与机器学习的发展，自动构建知识图谱的技术也日趋成熟，因此接下来的层次就是以自动工具为主要获取手段的知识图谱。

2. 著名知识图谱

知识库（包括知识图谱）是人工智能应用基础，因此在人工智能应用中必须了解目前常用的包括知识图谱在内的知识库的情况。下面介绍若干个著名的知识图谱（包括少量的非知识图谱知识库）。

（1）Cyc。Cyc 是一个历史悠久的知识库，始建于 1984 年，它是一种百科性的常识知识库。用谓词逻辑形式表示，以人工方式搜集整理，包含 50 万个实体与 3 万个关系。其后续的改进版 Open Cyc 包含 24 万个实体与 200 万个关系。同时还有用于推理的规则。近年来开始采用自动构建方法，从网络文本化数据中抽取知识，并与知识图谱资源 WiKipedia 及 DBpedia 等关联，建立了与它们之间的链接。

（2）ConceptNet。ConceptNet 是一个开放的、多语言的语言类的知识图谱，主要用于描述对多种语言的单词意义的理解。目前主要应用于自然语言理解的领域中。

（3）YAGO。YAGO 是由德国开发的大型语义知识图谱知识库。它同时与 WiKipedia 及 WordNet 挂接，大大扩充了知识库的内容。

（4）DBpedia。DBpedia 是从 WiKipedia 中的结构化数据抽取的知识所组成的百科型知识图谱知识库。它目前共有 95 亿个三元组，并支持 127 种语言。

（5）Freebase。Freebase 是基于 WiKipedia 上并再使用群体人工方式的一个百科型知识图谱知识库。它共有 5813 万个实体及 32 亿个实体关系三元组的知识图谱。它在知识图谱发展的过程中起到重要的作用。

（6）NELL。NELL 是卡耐基梅隆大学所开发的一个"永不停歇"的学习系统。

它每天不断执行阅读与学习两大任务，使用机器学习方法获得知识，并用知识图谱形式表示与存储，组成一个知识不断增长的知识库。自 2010 年起开始学习，经半年后就已获得 35 万个实体关系三元组。这是一个典型的自动以机器学习方法获得知识的知识图谱知识库。目前看来，它是一个研究性质的系统，其实用性有待进一步提高。

（7）Knowledge Vault。Knowledge Vault 是 Google 公司于 2014 年创建的一个大型通用知识图谱知识库。与 Freebase 一样，它也是建立在 WiKipedia 上的，但所采用的辅助知识并不用人工方式而是用基于机器学习的自动方式，对 Freebase 与 YAKO 上的结构化数据集成融合。目前它已收集了超过 16 亿个知识三元组。

（三）知识图谱中的知识存储

目前互联网上布满了各种知识图谱，它们都存储于特定的数据库内，这种数据库都有一定的特色：他们都是互联网上的分布式数据库。这种数据库建立在互联网的多个结点上，呈数据分布式状态；具有图结构形式的数据库。这种图结构可用两种方式表示：一种是三元组方式，另一种是图方式，即是结点、边、属性的表示方式。

目前常用的有以下三种：

第一，Freebase。Freebase 是谷歌公司最早开发的一种专用图数据库，它以图结构形式存储，用三元组的数据结构方式。这种结构形式易于知识的存储，但是不适合知识的查询与检索，因此目前使用已不普遍。

第二，Neo4j。Neo4j 是一个开源的专用图数据库，它改进了 Freebase 的缺点，采用六元组的数据结构具有图方式，从而使得知识的查询效率得到明显的提升，它还有一个完备的知识查询语言，非常适合知识查询与检索。但是它对知识更新的效果较差，因此它是一个适合以查询为主的知识库。

第三，NoSQL。NoSQL 是一种适合大数据的通用数据库标准体系，它有多种适合人工智能应用的数据结构，其中图结构与键值结构特别适合知识图谱的存储与应用，此外它还具有三元组表结构形式。它有完整的数据定义、操纵、查询及控制的功能以及相应的语言体系，操作效率高，适应面广。预计这种数据库将成为今后发展前途较远大的具有语义内容的数据库。此类数据库既是一种数据管理组织机构同时也兼具知识管理组织机构。基于这种标准体系，目前已开发出若干个相应的数据库。著名的如 Hbase 等。

（四）知识图谱的实际应用

知识图谱目前普遍应用于知识搜索、自动问答及自动推荐等多领域，并且尚有更大的发展空间，如决策支持系统等。这种应用组成了新一代专家系统。这种专家系统是新一代人工智能的重要组成部分。

第一，知识搜索。由于知识图谱是一个知识库，它存储大量知识，用户可以通过查询所需的知识，由知识图谱中的搜索引擎启动搜索，在获得答案后将它返回给用户。如用户输入"陆汝铃"，此时知识图谱启动对"陆汝铃"这个实体的搜索，在获得"陆汝铃"的相关网页后即输出相应有关"陆汝铃"的信息。

第二，自动问答。自动问答是通过知识图谱中的实体及其间的关系，经过关系的推理而得到答案。如用户输入"代代红价格"，此时知识图谱启动这个实体与关系的搜索，先获得实体"代代红"，接着获得关系：（饮料价格，代代红，18），通过此关系推理即可获得代代红的价格为 18 元。此后即输出此知识："代代红价格为 18 元"。

第三，自动推荐。自动推荐是利用知识图谱中实体间的关系，将指定实体通过关系向用户推荐除指定实体外的其他相关联的实体作为推荐知识。如用户输入饮料代代红，此时知识图谱启动有关饮料代代红的相关关系，通过这些关系推理，可以获得相关的饮料"可口可乐""百事可乐""椰汁""雪碧"等作为推荐饮料。

二、知识获取之推理方法

（一）知识推理基本理论

推理方法是一种典型的演绎型知识获取方法，其特色是在获取知识的过程中大量使用规则推理，因此此种演绎型知识获取方法称为推理方法。推理方法以已知知识为前提，通过不断使用推理从而最终获得新知识的过程。推理方法是获取知识的最基本的一种方法，在人类日常思维中，在从事科学研究中都是经常用此种方法。例如在数学研究中，其所获取知识的方法主要通过定理证明来实现。具体说来即是从已知条件出发通过证明最终获得定理。其中，"已知条件"即是已知知识，"证明"即是推理的过程，而"定理"即为最终所获得的新知识。

推理方法是一种符号主义的方法，它是基于人类所认识的思维规律的方法。这种方法在 2000 多年前的古希腊时期就开始有所认识并有了系统研究的成果，它的代表即是亚里士多德以及以他的名字命名的亚里士多德三段论。而其研究的学科称为形式逻辑。到了 20 世纪初，为研究数学的基础性问题，由众多数学家与哲学家共同努力，用数学方法即符号方法进一步研究形式逻辑，并形成了一门新的学科称为数理逻辑，这些成果最终由英国数学家与哲学家罗素及怀特海在他们所著的《数学原理》一书中得到完整体现。从此数理逻辑就成为一门以研究形式逻辑符号化为目标的新颖的学科。从这里可以看出人类对自身大脑所表现的形式体系已有充分的了解与认识，特别是人类思维的演绎推理。而基于这种理解，就可以用数理逻辑研究人工智能，特别是知识表示与知识推理。尤其是数理逻辑的谓词逻辑特别有用，因此在知识推理中就以谓词逻辑的推理方法研究与讨论。

（二）谓词逻辑自然推理

谓词逻辑中的推理方法称为自然推理方法。常用的有三种：永真推理、假设推理与反证推理。

1. 永真推理

永真推理是建立在永真公式、领域知识（即已知条件）及规则基础上的正向推理。

由于永真公式及规则是常识，因此实际上它是建立在领域知识（即已知条件）基础上的正向推理。谓词逻辑中的永真推理方法即是谓词逻辑中的定理证明。证明是一个过程，又称证明过程。证明过程是由已知条件到定理的一种形式化过程的规范描述。一般来讲，证明（过程）是一个公式序列：$P_1, P_2, \cdots, P_n$。

其中，每个 $P_i(i = 1, 2, \cdots, n)$ 必须使用下列方法之一：

（1）P_i 是永真公式。

（2）P_i 是已知条件。

（3）P_i 是由 $P_k, P_r(k, r < i)$ 施行分离规则而得。

（4）P_i 是由 $P_k(k < i)$ 施行全称规则（包括 US、UG）而得。

（5）P_i 是由 $P_k(k < i)$ 施行存在规则（包括 ES、EG）而得。

最后，$P_n = Q$ 即为定理。

在证明过程中，每个 P_i 之后必须给出所引入的方法及推理规则。

2. 假设推理

与永真推理一样，在适当修改证明过程后可以建立假设推理及反证推理。这里先介绍假设推理。

假设推理是永真推理中的一种，也是正向推理，所区别的是，如果所求证的定理具有 $A \rightarrow B$ 的形式，则其证明（过程）是一个公式序列：$P_1, P_2, \cdots, P_n$。

其中，每个 $P_i (i = 1, 2, \cdots, n)$ 必须使用下列方法之一：

（1）P_i 是永真公式。

（2）P_i 是已知条件。

（3）P_i 是 A。

（4）P_i 是由 $P_k, P_r (k, r < i)$ 施行分离规则而得。

（5）P_i 是由 $P_k (k < i)$ 施行全称规则（包括 US、UG）而得。

（6）P_i 是由 $P_k (k < i)$ 施行存在规则（包括 ES、EG）而得。

最后，$P_n = B$ 即为定理。

在证明过程中，每个 P_i 之后必须给出所引入的方法及推理规则。

从中可以看出，在假设推理中需求证的定理具 $A \rightarrow B$ 之形式，此时可将 A 作为已知部分列入，而所求证的定理仅为 B。这样就可以做到增加已知部分又减少求证部分，从而达到简化证明的目的。

3. 反证推理

反证推理的证明过程也是与永真推理一样的，所区别的是，在证明过程中可将定理 Q 的否定 $\neg Q$ 作为已知部分列入。而最终获得的定理是矛盾，即永假式，它可称为空，并可用符号□表示。在此情况下，其证明（过程）：$P_1, P_2, \cdots, P_n$ 中每个 $P_i (i = 1, 2, \cdots, n)$ 必须是使用下列方法之一：

（1）P_i 是永真公式。

（2）P_i 是已知条件。

（3）P_i 是 $\neg Q$。

（4）P_i 是由 $P_k, P_r (k, r < i)$ 施行分离规则而得。

（5）P_i 是由 $P_k (k < i)$ 施行全称规则（包括 US、UG）而得。

（6）P_i是由$P(k\ \ i)$施行存在规则（包括 ES、EG）而得。

最后，$P_n = \square$即为定理。

在证明过程中，每个P_i之后必须给出所引入的方法及推理规则。

反证推理即反证法或称归谬证法。在推理中它属反向推理。即从需求证的定理出发作证明，最终如获得矛盾，即定理得证。

将假设推理与反证推理相结合，即可以得到一种具假设推理与反证推理共同特色的推理，它可称为假设反证推理。

在此情况下，如果所求证的定理具有$A \to B$的形式，其证明（过程）：$P_1, P_2, \cdots, P_n$中每个$P_i(i=1,2,\cdots,n)$必须使用下列方法之一：

（1）P_i是永真公式。

（2）P_i是已知条件。

（3）P_i是A。

（4）P_i是$\neg B$。

（5）P_i是由$P_k, P_r(k,r<i)$施行分离规则而得。

（6）P_i是由$P_k(k<i)$施行全称规则（包括 US、UG）而得。

（7）P_i是由$P_k(k<i)$施行存在规则（包括 ES、EG）而得。

最后，$P_n = \square$即为定理。

在证明过程中，每个P_i之后必须给出所引入的方法及推理规则。

从中可以看出，在假设反证推理中需求证的定理具$A \to B$之形式，此时同时可将定理中的所有部分A与B作为已知部分列入，这样就可以做到定理的全部作为已知部分而求证的结果统一为$\square$，从而达到最简化证明的目的。

（三）谓词逻辑的自动定理证明

从理论上通过对谓词逻辑的证明过程实现了知识推理，它仅从数学理论的角度提供了思想与方法，但要用这种思想与方法在计算机上用算法实现是不可能的，这主要还需要有规范化的表示与标准化的操作过程。只有有了这两者才能实现用计算机模拟推理的过程。

在规范化的表示上经过不断努力建立起了谓词逻辑子句表示形式。1965 年美国数理逻辑学家罗宾逊在这种标准的形式之上使用一种归结原理的算法思想，只要定理是真的，总可用此算法推导而得定理。这种方法就称为谓词逻辑的自动定理证明。

现实世界中的问题只要能用谓词逻辑标准的形式表示，就可以用归结原理所设计的算法实现。进一步，再将此算法用计算机编程实现，从而可以做到用计算机程序实现自动定理证明。

最先用计算机实现此种方法的是法国马赛大学的柯尔密勒，它设计并实现了一种基于谓词逻辑的逻辑程序设计语言 PROLOG，以及它的一个计算机解释系统，用它在计算机上实现自动推理。现实世界中的问题只要能用谓词逻辑标准的形式表示，就可以将它写成 PROLOG 程序，然后用计算机算法自动实现。

下面分别介绍规范化子句形式以及自动定理证明的主要算法归结原理以及建立在归结原理上的计算机逻辑语言 PROLOG。

1．子句与子句集

为便于在计算机上推理，有必要对谓词逻辑公式作规范，其过程如下：

（1）将公式转换成一种标准式，称为前束范式。该范式由首部与尾部两部分组成，其中首部是量词，尾部是合取范式，是一个合取式，其中合取项由析取式所组成的公式。

（2）用 ES 除去公式中的存在量词。

（3）用 US 除去公式中的全称量词。

（4）将每个合取项用蕴涵式表示，这种蕴涵式称为子句。

（5）公式可用子句集表示。

2．归结原理

归结原理是用反证推理方法实现的一种算法，它是自动定理证明的算法理论基础。对客观世界中的问题域可以建立定理证明形式，其中已知部分可视为已知条件，以子句集形式表示，而待证部分即可视为需求证的定理，也以子句集形式表示。

设已知子句集为 S，对 S 可有：$S = \{E_1, E_2, \cdots, E_n\}$

其中，$E_i (i = 1, 2, \cdots, n)$ 均为子句，而待证的定理为 E，下面分步骤讨论。

（1）证明方法——反证法。由子句集 S 推出 E 相当于由 $SU\{\neg E\}$ 推得□。

（2）证明的算法基础——归结原理。

定理 1：设有公式为真：

$$A_n \leftarrow A_1, A_2, \cdots, A_{n-1}$$
$$B_m \leftarrow B_1, B_2, \cdots, B_{m-1} \qquad (2-1)$$

其中，$A_n = B_i, (i < m)$，则必有公式为真：

$$B_m \leftarrow A_1, A_2, \cdots, A_{n-1}, B_1, B_2, \cdots, B_{i-1}, B_{i+1}, B_{m-1} \qquad (2-2)$$

推论由 $\{P \leftarrow, \leftarrow P\}$ 可得空子句□。

由此定理可得：①两子句不同的两边如有相同命题则可以消去，这是归结原理的基本思想，此方法称为反驳法；②由推论可知，由 P 与 $\neg P$ 可得空子句。

这样可以得到一种新的证明方法，即由 S 为已知条件证明 E 为定理的过程可改为：①作 $S' = S \cup \{\neg E\}$ 为已知；②从 $\neg E$ 开始在 S' 不断使用反驳法；③最后出现空子句则结束。

在此定理证明中仅使用一种方法即反驳法。

反驳法的具体过程包括：①寻找两子句不同端的相同命题，此过程称为匹配或合一；②找到后进行消去且将两子句合并。

这样一来，谓词逻辑中任何证明过程变得十分简单，这为计算机定理证明从理论上做好准备。

（3）归结原理实现的关键——代换、合一与匹配。归结原理的基本思想关键是合一或匹配，下面较为详细地讨论此问题。

因为讨论的是谓词逻辑，所以命题一般以谓词形式出现，具有 $P(x_1, x_2, \cdots, x_n)$ 的形式。

两谓词相同的含义有三种情况：①两个谓词符相同；②个体变元数目相同；③对应个体变元相同，这又可分为三种情况：两者均为变量，此时需作变量代换，使之相同；一个为变量，另一个为常量，此时需对变量代换，使之与常量一致；两者均为常量，此时两常量应相等。

因此比较两谓词是否相同，不仅要逐条比较，还要进行代换，使不相同的谓词经代换后成为相同。

对一组变元 $x_1, x_2, \cdots, x_n$ 它们可分别用 $t_1, t_2, \cdots, t_n$ 替换之，从而得到另一组变元 $t_1, t_2, \cdots, t_n$，这种替换过程称为代换，它可写成：$\theta = \{t_1 / x_1, t_2 / x_2, \cdots, t_n / x_n\}$。

3. PROLOG 语言

应用自动定理证明的思想可以用计算机实现自动推理，其中著名的有

PROLOG 语言。

PROLOG 语言是以谓词逻辑标准形式为其表现形式，以归结原理为其算法思想设计而成的一种逻辑程序设计语言。这种语言用 Horn 子句为基本表示语句，它一共有三个主要语句，其具体情况见表 2-1[①]：

表 2-1　PROLOG 的三个语句

语句名	事实（fact）	规则（rule）	询问（guery）
形式	P_i	$P_1:-P_2,P_3,\cdots,P_n$	$?-P_1,P_2,\cdots,P_n$
逻辑含义	$P_i\leftarrow$（断言）	$P_1\leftarrow P_2,\cdots,P_n$（Horn 子句）	$P_1\leftarrow P_2,\cdots,P_n$（假设）
语义	P_i 为真	若 $P_2,P_3,\cdots,P_n$ 为真，则 P_1 为真	$P_1\wedge P_2\wedge\cdots\wedge P_n$ 为真?

除此之外，PROLOG 语言还设置了一些常谓词，称为内部谓词，用它以实现一些固定常用的功能。

整个 PROLOG 程序由两部分组成，它们分别称为数据库与提问。数据库由事实与规则组成，它相当于给定的已知条件，提问用询问语句表示，它相当于定理。

（四）知识推理方法之评价

基于谓词逻辑的知识推理方法是人工智能发展早期常用的方法，它有明显的优点：①有严格的数学理论支撑，理论严峻、逻辑清楚；②适合于简单的演绎性知识推理。

但是该方法也存在一些不足，特别是人工智能发展所引起的系统复杂性与规模扩展性所带来的后果：①由于采用符号化数学形式表示知识，因此在应用时对知识工程师的要求较高；②所采用的算法推理效率低；③所采用的算法证明为半可判定的，即如果定理不成立时，算法会无法收敛。

① 本节图表均引自徐洁磐.人工智能导论 [M].北京：中国铁道出版社有限公司，2019：71.

第三节　知识库与知识搜索技术

一、知识库

知识是人工智能研究、开发、应用的基础，在任何涉及人工智能之处都需要大量的知识，为便于知识的使用，需要有一个组织、管理知识的机构，它即是知识库。

自人工智能出现后即有知识库概念出现，直至目前为止，知识库及其重要性也越显突出。任何一项研究与开发、应用都离不开知识库。但遗憾的是在人工智能领域少见有对知识库系统作完整、系统的介绍。"知识搜索是下一代搜索引擎技术的关键技术，而知识库则是这项技术的核心。"①

（一）知识库的基本概念

在人工智能中经常会出现"知识库"" "的名词，且出现频率很高，但是对此名词往往介绍不多，按习惯性理解，它的含义大致是：存储知识的场所。从抽象的观点看，它是知识的集合。在人工智能的发展初期，这种理解勉强可以应付，但随着人工智能的发展，知识库的概念也逐渐明朗，其重要性也越加突出，有鉴于此必须对知识库有一个系统、完整的介绍。知识库的基本内容如下：

1. 知识的四种性质

对知识库的研究是先从知识特性讲起的，从这个观点看，可以对知识特性从不同角度分别探讨。

（1）时间角度：从保存时间看，知识可分为挥发性知识与持久性知识。其中挥发性知识保存期短而持久性知识则能长期保存。

（2）使用范围：从使用范围的广度看，知识可分为私有知识与共享知识。其中私有知识为个别应用所专用，而共享知识为多个应用服务。

---

① 申睃，冯园园，张洁雪，等.知识搜索中的知识库建设问题研究[J].情报杂志，2015，34（10）：129–133.

（3）数量角度：从数量角度看，知识可分为小规模知识、大规模数据、超大规模知识、海量知识及大数据知识等多种。知识的量是衡量知识的重要标准。由于量的不同可以引发从量变到质变的效应。如小规模知识是不需管理的，超大规模知识、海量知识则必须管理，而大数据知识则具有多种结构形式、分布式管理及并行处理等特性。

（4）处理角度：从处理角度看，知识可分为直接知识与间接知识。前者主要是通过实践由客观世界直接获得的知识，而后者主要是由直接知识通过知识获取而得到的知识。

2. 知识库有关概念

（1）知识库管理。知识库是需要管理的，知识库管理主要用于知识库的开发与应用，其物理实现由计算机软件系统实现，称为知识库管理系统。此外，知识库管理还需要一组人员用于知识的搜集、录入与维护称为知识工程师。因此知识库管理是由计算机软件与专业人员联合完成的。

（2）知识库管理系统。知识库管理系统是管理知识库的计算机软件系统，它为生成、使用、开发与维护知识库提供统一的操作支撑。它的主要功能：①知识定义功能：它可以定义知识库中知识表示的数据结构；②知识操纵功能：它具有对知识库中知识实施知识的查询与增、删、改等多种操作的能力；③知识推理功能：它具有对知识库中知识实施知识的演绎性推理的能力，还有归纳性推理的能力；④知识控制与保护能力：它具有对知识库中知识实施约束控制、并行控制与安全保护能力；⑤服务功能：它提供多种服务功能，如知识采集等。

（3）知识工程师。知识工程师是一组专业人员，他们为知识库搜集知识并将其录入知识库中。此外，他们还负责知识库的日常运行与维护。

（4）知识库系统。知识库系统是由四个部分组成的用于人工智能中的专用计算机系统。知识库系统的四个部分分别是：①知识库——知识；②知识库管理系统——软件；③知识工程师；④计算机平台、专用软件等。

由这四个部分所组成的以知识库为核心的系统称为知识库系统，简称知识库。

（5）知识库应用系统。知识库系统为人工智能应用直接服务，知识库系统与应用的结合组成了数据库应用系统。知识库应用系统是一种以知识库为核心具有独立知识管理与获取应用能力的系统，包括系统平台、知识库、知识库管理系统、相关应用软件、知识工程师。

一个完整的知识库一般由知识存储体、知识库管理系统、知识库接口等三部分组成，而其中知识库管理系统又由知识结构定义、知识操作、知识约束以及知识搜索引擎等部分组成。

知识库应用系统开发。数据库应用系统是需要开发的，其开发方法按照计算机科学技术中的系统工程开发方法及软件工程开发方法进行，包括系统平台开发、知识库开发及应用程序开发等三部分。

知识库应用系统的开发流程共五个步骤，具体步骤包括：①计划制定，是整个知识库应用系统项目的计划制定，此阶段所涉及的问题主要是与立项有关。②系统开发生成，经过生成后的系统即可在所创建的平台上运行并维护，运行维护按三部分独立进行：应用程序运行维护；知识库运行维护；系统平台运行维护。

（二）知识库发展历史

随着人工智能的发展，知识库的内容与功能也发生了重大的变化，与人工智能的发展三个时期一样，知识库也经历了三个发展阶段。

1. 知识库的发展第一阶段

知识库的发展第一阶段即人工智能发展的第一阶段，自 1956 年到 20 世纪 80 年代。在此阶段中已有知识库概念出现，也经常使用，但未见有明确的定义和物理的实现，大致的概念是"存储知识的场所"，其一般的物理场所是以计算机内存为主。因此，此时的知识库仅是处于发展的萌芽状态，尚未达到真正意义上的知识库水平。那个时期，所用知识量少（属 KB 级水平）且不需要管理，其存储实体为内存储器，知识不能持久存储。其典型的例子即是 PROLOG 程序设计中的知识库，这种知识库在 PROLOG 中称为数据库。因此在此时期知识库的含义仅是知识的集合。

2. 知识库的发展第二阶段

知识库的发展第二阶段即人工智能发展的第二阶段，自 20 世纪 80 年代到 21 世纪初。在此阶段以知识为中心的专家系统的出现与发展推动了知识库的出现，这个阶段出现了真正意义上的知识库与知识库系统，同时它也成为专家系统的核心内容。

此时，知识库中的知识量开始增加（属 MB 级水平），因此知识需要管理，其存储实体为外存储器（一般是磁盘等次级存储器），知识能持久存储。因此在此时期，知识库的含义有了变化，它是一种具有管理能力且具持久性的知识组织。从计算机观点看，这种知识库一般是建立在文件系统之上的。

与此同时出现了多个知识库系统工具，使用它可以开发出知识库应用系统，即专家系统。在此阶段中知识库得到了发展。它的理论、方法、系统、应用都在这个阶段得到了充分的进展。

3. 知识库的发展第三阶段

知识库的发展第三阶段即人工智能发展的第三阶段，自 21 世纪初到目前为止。在此阶段中，由于互联网的发展，知识库的发展也迎来了新的春天。当前的知识库都是建立在互联网平台上，采用基于网络的知识表示方法，如本体、知识图谱等，它可以在网络上组成独立系统供整个互联网用户使用，而使它的共享性达到了极致。在此阶段中典型的知识库系统都是建立在网络上的，如百度百科、维基百科、谷歌百科等。

在此情况下，知识库的含义又有了变化，它是一种具有管理能力且具持久性的共享知识组织。目前所说的即是这种知识库。从计算机观点看，这种知识库是一种独立的软件管理组织。同时，一般知识库主要用于知识的获取，因此有时知识库的能力还应包括知识搜索与获取。这种知识库又称为知识库系统。

这种知识库是新一代人工智能中的知识库，因此又称为新一代知识库。而以前的知识库则称为传统知识库。新一代知识库与传统知识库的区别有三点：①知识的搜集由过去的人工搜集到现在的自动搜集；②知识的推理由过去的缺少语义的自动推理到现在的建立在网络 Web 基础上的带语义的推理；③知识库的人机交互界面由过去的专用操作语言到现在的自然语言与语音交互。

（三）典型知识库系统

1. 知识库发展第二阶段中的典型知识库系统

（1）知识库系统组成知识库系统由四个部分组成：①知识库，知识库由两部分组成：事实库和规则库；②知识库推理引擎：用于知识推理；③知识库操纵：用于知识库中知识的增、删、改操作，它主要用于对知识库中的知识作录入；

④知识库查询，用于知识库中知识的查询操作。

知识库系统四个部分组成它的三个基本结构，三个基本结构包括：①知识库系统内部组成：包括知识库中的事实库与规则库以及知识库推理引擎；②知识库系统输入接口：包括知识库中的增、删、改操作；③知识库系统输出接口：包括知识库中的查询操作及推理输出。

（2）知识库系统实现。在知识库发展第二阶段中的知识库系统的一个典型实现是采用关系数据库系统的一种扩充实现方法，称为演绎数据库系统。在该系统中以一个商品化的关系数据库为核心做扩充，扩充的内容包括：①规则库及相应输入/输出；②推理引擎及相应输入/输出。

关系数据库是一个事实库，而关系数据库系统中包括对事实库的查询及增、删、改操作。在此基础上扩充规则库、推理引擎及相应操作后即可构成一个知识库系统的实现。

2. 知识库发展第三阶段中的典型知识库系统

目前最为流行的是新一代知识库系统，它是建立在互联网上且具有大数据特性的维基百科。这是一个开发极为成功且受网民喜爱的典型知识库系统。

（1）维基百科简介。维基百科是于 2001 年 1 月 15 日发起，由维基媒体基金会负责经营的一个自由内容、自由编辑，由全球各地志愿者编写而成的一种百科全书式的网络产品。维基百科是建立在互联网上免费向广大网民开放的知识库。目前有英、法、德、日、俄及中文在内的 301 种语言版本。在 2012 年启动的 WikiData 是 Wikipedia 的知识库，而在 2015 年启动的 KE（Knowledge Engine）是 Wikipedia 的知识获取的推理引擎，到 2017 年底 Wikipedia 已包含超过 2500 万个词条的规模。

以维基百科为首的互联网知识产品一经问世即引起了连锁式反应，目前在互联网上已出现谷歌百科、百度百科在内的数十种百科类知识产品，同时，它们间相互关联与相互支持，组成了互联网上的庞大知识群体。

（2）作为知识库应用系统的维基百科介绍。维基百科知识库的分析模型。

维基百科的基础是词条，每个词条可用：项、语句及属性等三个层次结构形式表示。其中：①项：从结构角度看，项是词条最上层结构，具文档形式，它给出了词条的主体语义解释，它是一种键值类型结构，在给出项的键后，即可得到相应具文档形式链接值；②语句：语句是项的一部分，由于项中文档量值往往较大，因此可从语义上将其分解成若干个语句。它们的组合构成了项，语句也是文档形式，它是项的子文档；③属性：属性是对语句的进一步解释。属性也是一种键值类型结构，其中属性名是键，在给出键后，即可得到相应具文档形式链接值。

整个维基百科是由数千万个词条所组成。目前维基百科的词条数为 2500 万个，整个维基百科的词条间都是关联的，整个维基百科由 2500 万个词条的三层结构组成，它们间还有着多种各不相同的联系，这种复杂的结构组成了维基百科的需求分析模型。概念模型，在需求分析模式之上可以构造概念模式。

逻辑模型，基于概念模型的逻辑模型是建立在 WikiData 之上的。其中知识图谱中的图结构可用 WikiData 中的图结构表示，而结点中的结构采用 WikiData 中的键值结构形式。

知识操纵，维基百科知识操纵包括：①知识查询、推理操作：通过知识查询、推理操作实现对维基百科词条作全局性查询、推理以获取知识；②知识修改操作：通过知识修改实现对维基百科词条的修改；③知识采集操作：通过知识的网络自动搜集及部分人工搜集的混合方式，实现对维基百科词条的采集及增补。

（3）作为知识库系统的维基百科开发。维基百科是一个知识库应用系统，对它的开发是按照知识库应用系统的开发流程进行的，按四个步骤实施。维基百科作为知识库应用系统，其开发过程如下：

第一步，需求分析，根据要求对维基百科提出总体性的需求，最终用分析模式表示之。

第二步，系统设计。系统设计分为知识库模式设计和应用程序设计

知识库模式设计包括：①概念设计：用知识图谱有向图表示形式对维基百科作全局之概念式设计；②逻辑设计：用知识库 WikiData 中的图结构对其中知识图谱中的概念设计结果作逻辑设计，而结点中的结构采用 WikiData 中的键值结构形式表示；③物理设计：对 WikiData 中的物理参数作设计。

应用程序设计。应用程序设计包括两个部分：①维基百科知识获取，它包括知识与问题查询、文本与图形展示、电子阅览及舆情分析等。它可通过知识库直接查询，也可通过设置的推理引擎 KE 作推理查询。②维基百科知识自动采

集录入。它包括互联网上 Web 数据用爬虫自动采集，对关系数据库自动抽取，最后进行统一的清洗与集成。

第三步，平台设计。维基百科平台设计包括建立在互联网云平台基础上的多种开发软件，特别是知识库选用维基知识库 WiKiData。

第四步，系统开发生成。在完成上述分析与设计后即可进行系统开发生成，系统开发生成包括：①系统平台构建；②知识库系统生成——对结构化数据按模式语义生成知识与对非 / 半结构化数据用机器学习方法生成知识；③应用程序的开发。

二、知识搜索

搜索策略是人工智能中知识获取的基本技术之一，它在人工智能各领域中被广泛应用，特别是在人工智能早期的知识获取中，如在专家系统、模式识别等领域。

搜索策略在人工智能中属问题求解的一种方法，在早期，它一直是人工智能研究与应用中的核心问题。它通常是先将应用中的问题转换为某个可供搜索的空间，称为"搜索空间"，然后采用一定的方法称为"策略"，在该空间内寻找一条路径称为"搜索路径"或称为"求解"，最终得到一条路径并有一个终点称为"解"。在问题求解中，问题由初始条件、目标和操作集合这三个部分组成。在搜索策略方法中一般采用的知识表示方法是状态空间法，将问题转化为状态空间图。而搜索则采用搜索算法思想作引导，在状态空间图中从初始状态（即初始条件）不断用操作做搜索，最终在搜索空间上以较短的时间获得目标状态，它就是问题的解。

因此，搜索策略方法即是以状态空间法为知识表示方法，以搜索算法思想作引导从而获得知识的一种方法。这是一种演绎推理方法。在该方法的讨论中主要是研究搜索算法思想，包括盲目搜索算法与启发式搜索算法等两种内容。

（一）知识搜索概述

在搜索策略方法中从给定的问题出发，寻找到能够达到所希望目标的操作为序列，并使其付出的代价最小、性能最好，这就是基于搜索策略的问题求解。它的第一步是问题的建模，即对给定问题用状态空间图表示；第二步是搜索，就是找到操作序列的过程，可用搜索算法引导；第三步是执行，即执行搜索算法。它的输入是问题的实例，输出表示为操作序列。因此，求解一个问题包括三个阶段：问题建模、搜索和执行。其主要阶段为搜索阶段。

一般给定一个问题后，就确定了该问题的基本信息，它由四个部分组成：①初始条件：定义了问题的初始状态；②操作符集合：把一个问题从一个状态变换为另一个状态的操作集合；③目标检测函数：用于确定一个状态是否为目标；④路径费用函数：对每条路径赋予一定费用的函数。

其中，初始条件和操作符集合定义了初始的状态空间。在搜索中一般包括两个主要的问题："搜索什么"及"在哪里搜索"其中搜索什么通常指的就是"目标在哪里搜索"就是指"状态空间"。

人工智能中大多数问题的状态空间在问题求解之初不是全部表示的，而呈现为初始的状态空间形式。由于一个问题的整个状态空间可能会非常大，在搜索之前生成整个空间会占用太大的存储空间。所以，人工智能中的搜索可以分成两个阶段：状态空间的初始阶段和状态空间中对目标的搜索阶段。因此，状态空间是逐步扩展的，"目标"状态是在每次扩展时进行判断的。

搜索方法可以分为盲目搜索方法和启发式搜索方法。

盲目搜索方法一般是指从当前的状态到目标状态之间的操作序列是按固定的方法进行的而并没有考虑到问题本身的特性，所以这种搜索具有很大的盲目性，效率不高，不便于复杂问题的求解。

启发式搜索方法是在搜索过程中加入与问题有关的启发式信息，用于指导搜索朝着最为希望发现目标状态的方向前进，加速问题的求解并找到最优解。显然盲目搜索不如启发式搜索效率高，但是由于启发式搜索需要与问题本身特性有关的信息，而对于很多问题这些信息很少，或者根本就没有，或者很难抽取，所以盲目搜索仍然是很重要的一类搜索方法。

（二）盲目搜索

盲目搜索策略的一个共同特点是它们的搜索路线是已经预先固定好的，目前常用的盲目搜索策略，主要有广度优先搜索策略与深度优先搜索策略两种。

在状态空间中一般的初始状态仅为一个状态称为根状态，以此为起点搜索所生成的是一棵有向树，称为搜索树。在其上有两种基本的搜索算法。如果首先扩展根结点，然后生成下一层的所有结点，再继续扩展这些结点的后继，如此反复下去，按深度由浅入深，这种算法称为宽度优先搜索。另一种方法是在根部开始每次仅选择一个子结点，按横向从左到右顺序逐个扩展子结点，只有当搜索遇到一个死亡结点（非目标结点并且是无法扩展的结点）时，才返回上一层选择其他的结点搜索，这种算法称为深度优先搜索。无论是宽度优先搜索还是深度优先搜索，结点的遍历顺序都是固定的，即一旦搜索空间给定，结点遍历的顺序就固定了。这种类型的遍历称为"确定"的，这就是盲目搜索的特点。

宽度优先搜索算法和深度优先搜索算法的区别是生成新状态的顺序不同，它们有两个主要的特点：①只能用于求解搜索空间为树的问题，搜索结果所得到的解是这个树的生成子树；②宽度优先搜索能够保证找到路径长度最短的解（最优解），而深度优先搜索无法保证。

由于宽度优先搜索总是在生成扩展完 n 层的结点后才转到 $n+1$ 层，所以总能找到最优解。但是实用意义不大，宽度优先算法的主要缺点是盲目性大，尤其是当目标结点距初始结点较远时，将产生许多无用结点，最后导致组合爆炸。

（三）启发式搜索

由于盲目式搜索采用固定搜索方式，具有较大的盲目性，生成的无用结点较多，搜索空间较大，因而效率不高。如果能够利用结点中与问题相关的一些特征信息来预测目标结点的存在方向，并沿着该方向搜索，则有希望缩小搜索范围，提高搜索效率。这种利用结点的特征信息来引导搜索过程的一类方法称为启发式搜索。

启发式搜索的具体操作方式是：在启发式搜索算法中，在生成一个结点的全部子结点之前都将使用一种评估函数判断这个"生成"过程是否值得进行。评估函数通常为每个结点计算一个整数值，称为该结点的评估函数值。通常，评估函数值小的结点被认为是值得进行"生成"的过程。按照惯例，将生成结点 n 的全部子结点称为"扩展结点"。

1. 评估函数

评估函数的任务是估计待搜索结点的重要程度，给它们排定顺序。在启发式搜索中，每个待扩充结点都需有评估函数，它的值是由问题中与该结点有关的语义所决定的，如距离、时间、金钱等。因而这些语义信息必须由人工决定而无法自动生成。而在人工生成时，涉及人对其语义理解的深刻程度，故有一定的弹性。因此在启发式搜索中，即便是采用相同的算法其效果还是有不同，这与人所设置结点评估的语义因素有一定关系。

2．启发式信息

启发信息是指与具体问题求解过程有关的，并可指导搜索过程朝着最有希望的方向前进的控制信息。一般包括三种：①有效地帮助确定扩展结点的信息；②有效地帮助决定哪些后继结点应被生成的信息；③能决定在扩展结点时哪些结点应从搜索树上删除的信息。一般来说，搜索过程所使用的启发性信息的启发能力越强，扩展的无用结点就越少。

3．A 算法

在搜索的每一步都利用评估函数，它从根结点开始对其子结点计算评估函数，按函数值大小，选取小者向下扩展，直到最后得到目标结点，这种搜索算法称为 A 算法。由于评估函数中带有问题自身的启发性信息，因此 A 算法是一种启发式搜索算法。

4．A ' 算法

在 A 算法中由于并没有对启发式函数做任何的要求与规定，因此用 A 算法所得到的结果无法对其做出评价，这是 A 算法的一个不足。为弥补此不足，对启发式函数作一定的限制，即对 $h(n)$ 设置 $h'(n)$，如果 $h(n)$ 满足如下的条件：$h(n) \leq h'(n)$，若问题有解，A 算法一定可以得到一个代价较小的结果，这种算法是 A 算法的改进，称为 A ' 算法。

在 A ' 算法中的关键是 $h'(n)$ 的设置。它有明确的语义，它给出了具有明确代价值的标准。一般讲是一种代价最小或较小的函数。如果 $h'(n)$ 是代价最小的，则它能保证 A ' 算法找到最优解。

当然，并不是对所有问题都能找到 $h'(n)$ 的，故而 A ' 算法并不是对所有问题都能适用的。

第四节　机器学习与自然语言处理

一、机器学习

（一）机器学习概述

机器学习方法是用计算机的方法模拟人类学习的方法。因此在机器学习中需要讨论以下问题：

第一，需要讨论人类学习方法，只有了解了人类的"学习"机制后才能用"机器"对它进行"模拟"。

第二，讨论机器学习，介绍机器学习的基本概念、思想与方法。

1. 学习的概念

学习是一个过程，它是人类从外界获取知识的方法。人类的知识主要是通过"学习"而得到的。学习的方法很多，到目前为止人类对这方面的了解与认识还是有限的，对学习机制的认识与了解也不多，但这并不妨碍人们对学习的进一步了解与对机器学习的研究。

一般而言，学习分为两种，它们是间接学习与直接学习。

间接学习就是通过他人的传授，包括老师、师傅、父母、前辈等言传身教而获取的知识，也可以是从书本、视频、音频等多种资料处所获取的知识。

直接学习就是人类直接通过与外部世界的接触，包括观察、实践所获取的知识。这是人类获取知识的主要手段。

人类的学习主要是从直接知识中通过归纳、联想、范例、类比、灵感、顿悟等手段而获得新知识的过程。

2. 机器学习概念

机器学习的概念是建立在人类学习概念上的。所谓机器学习就是用计算机系统模拟人类学习的一门学科，这种学习目前主要是一种以归纳思维为核心的行为，它将外界众多事实的个体，通过归纳思维方法将其归结成具一般性效果的知识。机器学习的主要内容，包括机器学习的结构模型与机器学习研究方法。

机器学习的结构模型是建立在计算机系统上的。这种模型是学习模型在计算机上的具体化。

　　机器学习的结构模型分为计算机系统内部与计算机系统外部两个部分。其中，计算机系统内部是学习系统，它在计算机系统的支持下工作。计算机系统外部是学习系统外部世界。整个学习过程即是由学习系统与外部世界交互而完成学习功能。

　　（1）机器学习中的学习系统主要完成学习的核心功能，它是一个计算机应用系统，这个系统由三个部分内容组成：

　　第一，样本数据：在学习系统中，计算机的学习都是通过数据学习的，这种数据一般称为样本数据，它具有统一的数据结构，并要求数据量大、数据正确性好，样本数据一般都是通过感知器从外部环境中获得。

　　第二，机器建模：在学习系统中，学习过程用算法表示，并用代码形式组成程序模块，通过模块执行用以建立学习模型。在执行中需要输入大量的样本进行统计性计算。机器建模是学习系统中的主要内容。

　　第三，学习模型：以样本数据为输入，用机器建模作运行，最终可得到学习的结果，它是学习所得到的知识模型，称为学习模型。

　　（2）学习系统外部世界是学习系统的学习对象。人类学习知识大都通过作用于它而得到，学习系统外部世界由环境与感知器两部分内容组成：环境：环境即是外部世界实体，它是获得知识的基本源泉；感知器：环境中的实体有多种不同形式，如文字、声音、语言、动作、行为、姿态、表情等静态与动态形式，还具有可见/不可见（如红外线、紫外线等）、可感/不可感（如引力波、磁场等）等多种方式，它需要有一种接口，将它们转换成学习系统中具有一定结构形式的数据，作为学习系统的输入，这就是样本数据。感知器的种类很多，常用的如模/数或数/模转换器，以及各类传感器。此外，如声音、图像、音频、视频等专用输入设备等。

　　这样，一个机器整个学习过程从外部世界的环境开始，从中获得环境中的一些实体，经感知器转换成数据后进入计算机系统以样本形式出现并作为计算机的输入，在机器建模中进行学习，最终得到学习的结果。这种结果一般以学习模型形式出现，是一种知识模型。

3. 机器学习方法

机器学习是在计算机系统支持下，由大量样本数据通过机器建模获得学习模型作为结果的一个过程，可以表示为：样本数据＋机器建模＝学习模型。由此可见，机器学习的两大要素是：样本数据与机器建模，故在讨论机器学习方法时，要先介绍样本数据与机器建模的基本概念，在此基础上对学习方法进一步探讨。

（1）样本数据，样本数据亦称样本是客观世界中事物在计算机中的一种结构化数据的表示，样本由若干个属性组成，属性表示样本的固有性质。在机器学习中样本在建模过程中起到了至关重要的作用，样本组成一种数据集合，这种集合在建模中训练模型，其量值越大所训练的模型正确性越高，因此样本的数量一般应具有海量性。

在训练模型过程中有两种不同表示形式的样本，样本中的属性在训练模型过程中一般仅作为训练而用，这种属性称为训练属性，因此如果样本中所有属性均为训练属性，这种样本通称为不带标号样本；而样本除训练属性外，还有另外一种作为训练属性所对应的输出数据的属性称为标号属性，而这种带有标号属性的样本称为带标号样本。一般而言，不同样本训练不同的模型。

（2）机器建模，机器建模是用样本训练模型的过程，它可按不同样本分为以下三种：

第一，监督学习：由带标号样本所训练模型的学习方法称为监督学习。这个方法是在训练前已知输入和相应输出，其任务是建立一个由输入映射到输出的模型。这种模型在训练前已有一个带初始参数值的模型框架，通过训练不断调整其参数值，这种训练的样本需要足够多才能使参数值逐渐收敛，达到稳定的值为止。这是一种最为有效的学习方法，目前使用也最为普遍，对这种学习方法，目前常用于分类分析，因此又称分类器。但是带标号样本数据的搜集与获取比较困难，这是它的不足之处。

第二，无监督学习：由不带标号样本训练模型的学习方法称为无监督学习。这个方法是：在训练前仅已知供训练的不带标号样本，其后期的模型是通过建模过程中算法的不断自我调节、自我更新与自我完善而逐步形成的。这种训练的样本也需要足够多才能使模型逐渐稳定。对于这种学习方法，目前其常用的有关联规则方法、聚类分析方法等。无监督学习的样本较易获得，但所得到的模型规范性不足。

第三，半监督学习：半监督学习又称混合监督学习，是先用少量带标号样本数据做训练，接下来即可用大量的不带标号样本训练，这样做既可避免带标号样本难以取得的缺点，也可避免最终模型规范性不足的缺点。这是一种典型的半监督学习方法。此外，还有一些非典型的半监督学习方法，又称弱监督学习方法。

（3）学习模型，学习模型是由样本数据通过机器建模而获得的学习结果，它是一种知识模型，称为学习模型。学习模型分为四种不同的模式：具体经历倾向型、反思观察倾向型、抽象概念化倾向型和积极试验化倾向型。

第一，具体经历倾向型，是指每个人都应根据个人的经验判断而无须进行系统的分析，根据本能来进行选择学习的内容和方式。每个人能够愉快相处，投身其中，对生活持开明的态度。

第二，反思观察倾向型，是指通过引导个人仔细观察环境，分析其含义，理解各种观念的含义，倾向于对事情而非行为做出反思，从不同的观点来看问题，他们先进行评估，而后做出深思熟虑的判断。

第三，抽象概念化倾向型，是指学习者强调使用逻辑、观念和概念，反对进行自觉判断，这些人更擅长系统规划，定量分析，而且这种人喜欢对简洁的体系以及精巧的概念系统进行评估。

第四，积极试验化倾向型，是指员工乐于参加实际应用，积极参与变革，对实际工作很少切实地进行审视。对于这种学习人员，获得结果就变得至关重要了，而且这种学习人员会对环境的影响做出评估。

（二）人工神经网络

"人工神经网络是一种模仿人脑神经网络结构和功能的信息处理系统，是一种分布式并行处理信息的抽象数学模型，现已在许多科学领域得以成功应用。"[1]人工神经网络分为三部分：基本人工神经元模型、基本人工神经网络及

---

[1]　王良玉，张明林，祝洪涛，等.人工神经网络及其在地学中的应用综述[J].世界核地质科学，2021，38（01）：15—26.

其结构和人工神经网络的学习机制。

1. 基本人工神经元模型

在人工神经网络中其基本单位是人工神经元，人工神经元有多种模型，但是有一种基本模型最为常见，称为基本人工神经元模型（或简称神经元模型），这是一种规范的模型，可用数学形式表示。根据基本人工神经元模型，一个人工神经元一般由输入、输出及内部结构三部分组成。

（1）输入。一个神经元可接收多个外部的输入，即可以接收多个连接线的单向输入。每个连接线来源于外部（包括外部其他神经元）的输出 X_i，每个连接线还包括一个权（或称权值）W_{ij}，其中 i 表示连接线中外部神经元输出编号，j 表示连接线目标指向的神经元编号，一般权值处于某个范围之内，可以是正值，也可以是负值。

（2）内部结构。一个人工神经元的内部结构由三部分组成。

加法器：编号为 A 的神经元接收外部 m 个输入，包括输入信号 X_i 及与对应权 W_{ik} 的乘积（$i=1，2，\cdots，m$）的累加，从而构成一个线性加法器。该加法器的值反映了外部神经元对 k 号神经元所产生的作用的值。

偏差值：加法器所产生的值经常会受外部干扰与影响而产生偏差，因此需要有一个偏差值以弥补此不足 k 号神经元的偏差值一般可用 A 表示。

激活函数：激活函数 / 起辅助作用，设置它的目的是限制神经元输出值的幅度，亦即是说使神经元的输出限制在某个范围之内，如在 –1 到 +1 之间或在 0 到 1 之间。激活函数一般可采用常用的压缩型函数，如 Logistic 函数、Simoid 函数等。

（3）输出。一个 A 号神经元可以有输出，它也可记为 O_k。这个输出可以通过连接线作为另一些神经元的输入。

2. 基本人工神经网络及结构

由人工神经元按一定规则组成人工神经网络。人工神经网络有基本的网络与深层网络之分，这里介绍基本的人工神经网络。基本人工神经网络又称感知器，它一般包括单层感知器、双层感知器和三层感知器等。自然界的大脑神经网络结构比较复杂，规律性不强，但是人工神经网络为达到固定的功能与目标采用极有规则的结构方式，大致介绍如下：

（1）层单层与多层。人工神经网络按层组织，每层由若干个相同内部结构神经元并列组成，它们一般互不相连，层构成了人工神经网络结构的基本单位。

一个人工神经网络往往由若干个层组成，层与层之间有连接线相连。一个人工神经网络有单层与多层之分，常用的是单层、二层及三层。

（2）结构方式——前向型与反馈型。在人工神经网络的结构中神经元按层排列，其连接线是有向的。如果中间并未出现任何回路，则称此种结构方式为前向型人工神经网络结构；而如果中间出现封闭回路（通常有一个延迟单元作为同步组件）则称此种结构方式为反馈型人工神经网络结构。按单层/多层及前向/反馈可以构造若干不同的人工神经网络，如 M-P 模型、BP 模型及 Hopfield 模型等多种不同人工神经网络模型。

3. 人工神经网络的学习机制

人工神经网络能自动进行学习，其基本思路是：首先建立带标号样本集，然后用神经网络算法训练样本集，神经网络通过不断调节网络不同层之间神经元连接上的权值，使训练误差逐步减小，最后完成网络训练学习过程，即建立数学模型。将建立的数学模型应用在测试样本上进行分类测试，经测试完成后所得到的即为可实际使用的学习模型。

人工神经网络学习过程是以真实世界的数据样本为基础进行的，用数据样本对人工神经网络进行训练，一个数据样本有输入与输出数据，它反映了客观世界数据间的真实的因果关系，用数据样本中输入数据作为人工神经网络输入，可以得到两种不同结果：一种是人工神经网络的输出结果；另一种是样本的真实输出结果，两者之间必有一定误差。为达到两者的一致需要修正人工神经网络中的参数，具体地说即是修正权 W_{ij}（还包括偏差值），这是用一组指定的、明确定义的学习算法来实现之，称为训练。通过不断地用数据样本对人工神经网络进行训练，可以使权的修正值趋于 0，从而达到权值的收敛与稳定，从而完成整个学习过程。经训练后的人工神经网络即是一个经学习后掌握一定知识的模型，并具有一定的归纳推理能力，能进行预测、分类等。

（三）贝叶斯方法

贝叶斯方法是一种统计方法，它属概率论范畴，它用概率方法研究客体的概率分布规律。贝叶斯方法中的一个关键定理是贝叶斯定理，利用贝叶斯方法与贝叶斯定理可以构造贝叶斯分类规律。目前贝叶斯分类有两种：一种是朴素贝叶斯分类或称朴素贝叶斯网络；另一种是贝叶斯网络或称为贝叶斯信念网络。

贝叶斯分类也是以训练样本为基础的，它将训练样本分解成 n 维特征向量 $X=\{x_1, x_2, \cdots, x_n\}$，其中特征向量的每个分量 $X_i\{i=1, 2\cdots n\}$ 分别描述 X 的相应属性 $A_i\{i=1, 2, \cdots n\}$ 的度量。在训练样本集中，每个样本唯一地归属于 m 个决策类 $C_1, C_2, \cdots, C_m$ 中的一个。如果特征向量中的每个属性值对给定类的影响独立于其他属性的值，亦即是说，特征向量各属性值之间不存在依赖关系（称此为类条件独立假定），此种贝叶斯分类称为朴素贝叶斯分类，否则称为贝叶斯网络。朴素贝叶斯分类简化了计算，使得分类变得较为简单，利用此种分类可以达到精确分类目的。而在贝叶斯网络中，由于属性间存在依赖关系，因此可以构造一个属性间依赖的网络以及一组属性间概率分布参数。

贝叶斯方法的优势包括：①可以综合先验信息与后验信息；②适合合理带噪声与干扰的数据集；③其结果易于被理解，并可解释为因果关系；④对于满足类条件独立假定时所用的朴素贝叶斯分类更具有概率意义下的精确性；⑤贝叶斯方法一般也用于分类学习中。

（四）迁移学习方法

1. 迁移学习的概念

人类在学习过程中有很多学习的方式、特征都是类似的，如人们在学习骑自行车中所学得的经验，在此后学习开摩托车时会变得很容易。又如一个人要是熟悉中国象棋，他也可以轻松地学会国际象棋，同时在学习围棋时也会同样很容易学会。在某个领域中所学习到的知识可以在另一个领域中有类似的知识供使用，这就是迁移学习的思想。

基于这种迁移学习的思想，可以建立起人工智能中的迁移学习的理论，它可作为机器学习的一个部分用于知识的获取。迁移学习的基本内容包括：①源领域：在迁移学习中所需迁移知识所在的领域称为源领域，如"自行车"领域、"中国象棋"领域等均为源领域；②目标领域：在迁移学习中所需迁移知识的目标所在的领域称为目标领域，如"摩托车"领域、"国际象棋"领域及"围棋"领域等均为目标领域；③迁移学习：在源领域中所学习到的知识往往可以在目标领域中也可学习到类似的知识，此时实际上可以用某些变换、映射等手段从源领域将知识转移到目标领域中从而达到减少目标领域中的学习成本，提高学习效果的作用，此种学习称为迁移学习。

在迁移学习中，目标领域的学习方法是分两个步骤进行的：

第一步，从源领域中通过迁移学习将一部分类似的知识迁移至目标领域。

第二步，以这些知识为起点，在目标领域中继续学习，此时的学习已有了迁移的知识，因此学习就变得简单、方便和容易。

迁移学习所起的作用特别明显：在监督学习中，学习方法多、效果好，但它所用的带标号样本数据不易获得；而在无监督学习中，学习方法效果一般不如前者好，但它所用的不带标号样本数据易于获得，因此在迁移学习中往往将源领域中使用监督学习方法以获得良好的学习结果，然后通过迁移学习将结果迁移至目标领域，在目标领域中使用无监督学习方法，由于此时所用的样本数据易于获得，因此整个学习会变得容易与方便。

在使用迁移学习中，目标领域中的学习方法是先用监督学习，再使用无监督学习，从而达到较好的学习效果，这种学习方法即可称为半监督学习方法。

2. 迁移学习的内容

在迁移学习中的基本内容包括迁移内容与迁移算法两个部分。

（1）迁移内容，在迁移学习中的迁移内容包括三个部分，样本迁移、特征迁移和模型迁移。

第一，样本迁移，样本迁移就是将源领域中的相似的样本数据迁移至目标领域，在迁移后的数据须作适当的权重调整。样本迁移的优点是简单、方便，它的缺点是权重调整难以把握，一般以人的经验为准。

第二，特征迁移，特征迁移就是将源领域中的相似的特征知识通过一定的映射迁移至目标领域，作为目标领域中的特征知识。特征迁移目前为大多数方法所适用，但它的缺点是映射的设置难以把握，一般也以人的经验为准。

第三，模型迁移，模型迁移就是将源领域中的整个模型通过一定的方法迁移至目标领域，作为目标领域中的模型。这要有一定的前提，即两个领域具有相同的模型结构，而所迁移的是模型参数，通过一定的变换，将源领域中的模型参数迁移至目标领域。这种方法是目前研究的重点，其预期效果较为理想。

（2）迁移算法，迁移算法是目前迁移学习研究的重点。目前研究集中在特征迁移算法的研究上，并取得了重大进展，接下来模型迁移算法的研究将成为新的重点。此外，在算法的研究上还有很多问题有待解决。

第一，针对领域相似性、共同性的度量，研究准确的度量算法。

第二，在算法研究方面，对于不同的应用，迁移学习算法需求是不一样的。因此针对各种应用的迁移学习算法。

第三，关于迁移学习算法有效性的理论研究还很缺乏，研究可迁移学习条件，获取实现正迁移的本质属性，避免负迁移。

第四，在大数据环境下，研究高效的迁移学习算法尤为重要。目前的研究主要还是集中在数据量小而且测试数据非常标准的环境中，应把研究的算法瞄准于实际应用数据，以适应目前大数据研究浪潮。

尽管迁移学习的算法研究还存在着各种各样的挑战，但是随着越来越多的研究人员投入该项研究中，一定会促进迁移学习研究的蓬勃发展。

3. 迁移学习的评价

迁移学习可以充分利用现有模型知识，使成熟的机器学习模型仅需少量调整即可获得新的结果，因此具有重要的应用价值。近年来，迁移学习已在文本分类、文本聚类、情感分类、图像分类等方面取得了重大的应用与研究的成果。

但是迁移学习毕竟是一门新发展的学科领域，它的理论基础尚待进一步提高，算法研究有待继续努力，而它的应用则尚有大幅度拓展的前景。它目前的研究重点是算法研究，只有有效算法的支持才能使应用更具前景。

（五）强化学习方法

强化学习来自于动物学习以及控制论思想等理论，这种学习的基本思想是通过学习模型与学习环境的相互作用，所产生的某种动作是强化（鼓励或者信号增强）还是弱化（抑制或者信号减弱）来动态地调整动作，最终达到模型所期望的目标。

在强化学习方法下，为达到某固定目标学习模型与环境相互作用，模型不断采用试探方式执行不同动作以产生不同结果，通过奖励函数，对每个动作打分，通过分值的大小以示对结果的认可度。这样，在奖励函数的引导下学习模型可以自主学习方式得到相应策略以达到最终的结果目标。

在强化学习方法中，学习模型能自主产生的动作实际上是一个不带标号样本。而这种样本通过奖励函数计算而得的数据则是标号属性，这两者的结合组成一种新的样本则是一个带标号样本。因此在此方式下，模型不断自主产生不带标号样本，经奖励函数计算后得到带标号样本，因此这是一种弱监督学习方法。

二、自然语言处理

人类所使用的语言称为自然语言，这是相对于人工语言而言的。人工语言即计算机语言、世界语等。自然语言是人类智能中思维活动的主要表现形式，是人工智能中模拟人类智能的一种重要应用，称为自然语言处理。

自然语言处理研究能实现人与计算机之间用自然语言进行相互通信的理论和方法。具体来说，它的研究分为两个内容：首先是人类智能中思维活动通过自然语言表示后能被计算机理解（可构造成一种人工智能中的知识模型），称为自然语言理解；其次是计算机中的思维意图可用人工智能中的知识模型表示，再转换生成自然语言并被人类所了解，称为自然语言生成。

自然语言表示形式有两种：一种是文字形式；另一种是语音形式，其中文字形式是基础。因此，在讨论时也将其分为两部分，以文字形式为主，即基于文字形式的自然语言理解与自然语言生成，以及基于语音形式的自然语言理解与自然语言生成。

（一）自然语言处理之自然语言理解

1. 自然语言理解之基本原理

这里的自然语言主要指的是汉语。汉字中的自然语言理解的研究对象是：汉字串，即汉字文本。其研究的目标是：最终被计算机所理解的具有语法结构与语义内涵的知识模型。面对一个汉字串，使用自然语言理解的方法最终可以得到计算机中的多个知识模型，这主要是汉语言的歧义性所造成的。在对汉字串理解的过程中，与上下文有关，与不同的场景或不同的语境有关。另外，在理解自然语言时还需运用大量的有关知识，需要多种知识，以及基于知识上的推理。有的知识是人们已经知道的，而有的知识则需要通过专门学习而获取，这些都属于人工智能技术。

因此，在自然语言理解过程中必须使用人工智能技术才能消除歧义性，使最终获得的理解结果与自然语言的原意是一致的。在具体使用中需要用到的人工智能技术是知识与知识表示、知识库、知识获取等内容。重点使用的是知识推理、机器学习及深度学习等方法。

综上，在汉字中自然语言理解的研究对象是汉字串，研究的结果是计算机中具有语法结构与语义内涵的知识模型，研究所采用的技术是人工智能技术。从其研究的对象汉字串，即汉字文本开始。在自然语言理解中的基本理解单位是：词，由词或词组所组成的句子，以及由句子所组成的段、节、章、篇等。关键的是：词与句。对词与句的理解中分为语法结构与语义内涵等两种，按序可分为词法分析、句法分析及语义分析三部分内容。

2. 自然语言理解之具体实施

（1）词法分析，词法分析包括分词和词性标注两部分。

第一，分词，在汉语中词是最基本的理解单位，与其他种类语言不同，如英语等，词间是有空隔符分开的。在汉语中词间是无任何标识符区分的，因此词是需要切分的。故而，一个汉字串在自然语言理解中的第一步是将它顺序切分成若干个词。这样就是将汉字串经切分后成为词串。

词的定义是非常灵活的，它不仅仅和词法、语义相关，也和应用场景、使用频率等其他因素相关。中文分词的方法有很多，常用的方法包括：①基于词典的分词方法，这是一种最原始的分词方法，首先要建立一个词典，然后按照词典逐个匹配机械切分，此种方法适用涉及专业领域小，汉字串简单情况下的切分；②基于字序列标注的方法：对句子中的每个字进行标记，如四符号标记｛B，I，E，S｝，分别表示当前字是一个词的开始、中间、结尾，以及独立成词；③基于深度学习的分词方法：深度学习方法为分词技术带来了新的思路，直接以最基本的向量化原子特征作为输入，经过多层非线性变换，输出层就可以很好地预测当前字的标记或下一个动作。在深度学习的框架下，仍然可以采用基于字序列标注的方式。深度学习主要优势是可以通过优化最终目标，有效学习原子特征和上下文的表示，同时深度学习可以更有效地刻画长距离句子信息。

第二，词性标注，对切分后的每个词作词性标注。词性标注是为每个词赋予一个类别，这个类别称为词性标记，如名词、动词、形容词等。一般来说，属于相同词性的词，在句法中承担类似的角色。词性标注极为重要，它为后续的句法分析及语义分析提供必要的信息。中文词性标注难度较大，主要是词缺乏形态变化，不能直接从词的形态变化上来判别词的类别，并且大多数词具有多义、兼类现象。中文词性标注要更多地依赖语义，相同词在表达不同义项时，其词性往往是不一致的。因此通过查词典等简单的词性标注方法效果较差。

目前，有效的中文词性标注方法，可以分为基于规则的方法和基于统计学习的方法两大类：①基于规则的方法：通过建立规则库以规则推理方式实现的一种方法，此方法需要大量的专家知识和很高的人工成本，因此仅适用于简单情况下的应用；②基于统计学习的方法：词性标注是一个非常典型的序列标注问题，由于人们可以通过较低成本获得高质量的数据集，因此，基于统计学习的词性标注方法取得了较好的效果，并成为主流方法。

随着深度学习技术的发展，出现了基于深层神经网络的词性标注方法。传统词性标注方法的特征抽取过程，主要是将固定上下文窗口的词进行人工组合，而深度学习方法能够自动利用非线性激活函数完成这一目标。

（2）句法分析。在经过词法分析后，汉字串就成了词串，句法分析就是在词串中顺序组织起句子或短语，并对句子或短语结构进行分析，以确定组织句子的各个词、短语之间的关系，以及各自在句子中的作用，将这些关系用一种层次结构形式表示，并进行规范化处理。在句法分析过程中常用的结构方法是树结构形式，此种树称为句法分析树。

句法分析是由专门的句法分析器进行的，该分析器的输入端是一个句子，输出端是一个句法分析树。句法分析的方法有两种：一种是基于规则的方法；另一种是基于学习的方法。基于规则的句法分析方法，这是早期的句法分析方法，最常用的是短语结构文法及乔姆斯基文法，它们是建立在固定规则基础上并通过推理进行句子分析的方法。这种方法因规则的固定性与句子结构的歧义性，产生的效果并不理想。

基于学习的句法分析方法，从20世纪80年代末开始，随着语言处理的机器学习算法的引入，以及大数据量"词料库"的出现，自然语言处理发生了革命性变化。最早使用的机器学习算法，如决策树、隐马尔可夫模型在句法分析得到应用。早期许多值得注意的成功发生在机器翻译领域。特别是IBM公司开发的基于统计机器学习模型。该系统利用加拿大议会和欧洲联盟制作的"多语言文本语料库"将所有政府诉讼程序翻译成相应政府系统的官方语言。最近的研究越来越多地关注无监督和半监督学习算法。这样的算法能够从手工注释的数据中学习，并使用深度学习技术在句法分析中实现最有效的结果。

（3）语义分析，语义分析指运用机器学习方法，学习与理解一段文本所表示的语义内容，通常由词、句子和段落构成，根据理解对象的语言单位不同，又可进一步分解为词汇级语义分析、句子级语义分析以及篇章级语义分析。词汇级语义分析关注的是如何获取或区别单词的语义，句子级语义分析则试图分析整个句子所表达的语义，而篇章语义分析旨在研究自然语言文本的内在结构并理解文本单元（可以是句子从句或段落）间的语义关系。

目前，语义分析技术主流的方法是基于统计的方法，它以信息论和数理统计为理论基础，以大规模语料库为驱动，通过机器学习技术自动获取语义知识。

（二）自然语言处理之自然语言生成

计算机中的思维意图用人工智能中的知识模型表示后，再转换生成自然语言被人类所理解，称为自然语言生成。在自然语言生成中也大量用到人工智能技术。一般而言，自然语言生成结构可以由以下三个部分构成：

1. 内容规划

内容规划是生成的首要工作，其主要任务是将计算机中的思维意图用人工智能中的知识模型表示，包括内容确定和结构构造两部分。

（1）内容确定，内容确定的功能是决定生成的文本应该表示什么样的问题，即计算机中的思维意图的表示。

（2）结构构造，结构构造则是完成对已确定内容的结构描述，即建立知识模型。具体来说，就是用一定的结构将所要表达的内容按块组织，并决定这些内容块是怎样按照修辞方法互相联系起来，以便更加符合阅读和理解的习惯。

2. 句子规划

在内容规划基础上进行句子规划。句子规划的任务就是进一步明确义规划文本的细节，具体包括选词、优化聚合、指代表达式生成等。

（1）选词，在规划文本的细节中，必须根据上下文环境、交互目标和实际因素用词或短语来表示。选择特定的词、短语及语法结构以表示规划文本的信息。这意味着对规划文本进行消息映射。有时只用一种选词方法来表示信息或信息片段，在多数系统中允许多种选词方法。

（2）优化聚合，在选词后，对词按一定规则进行聚合，从而组成句子初步形态。优化后使句子更为符合相关要求。

（3）指代表达式生成，指代表达式生成决定什么样的表达式。句子或词汇应该被用来指代特定的实体或对象。在实现选词和聚合之后，对指代表达式生成的工作来说，就是让句子的表达更具语言色彩，对已经描述的对象进行指代以增加文本的可读性。

句子规划的基本任务是确定句子边界，组织材料内部的每一句话，规划句子交叉引用和其他的回指情况，选择合适的词汇或段落来表达内容，确定时态、模式，以及其他的句法参数等，即通过句子规划，输出的应该是一个子句集列表，且每一个子句都应该有较为完善的句法规则。事实上，自然语言是有很多歧义性和多义性的，各个对象之间大范围的交叉联系等情况，造成完成理想化句子规划是一个很难的任务。

3．句子实现

在完成句子规划后，即进入最后阶段——句子实现。它包括语言实现和结构实现两部分，具体地讲就是将经句子规划后的文本描述映射至由文字、标点符号和结构注解信息组成的表层文本。

句子实现生成算法首先按主谓宾的形式进行语法分析，并决定动词的时态和形态，再完成遍历输出，其中，结构实现完成结构注解信息至文本实际段落、章节等结构的映射，实现完成将短语描述映射到实际表层的句子或句子片段。

（三）自然语言处理之自然语音处理

语音处理包括语音识别、语音合成及语音的自然语言处理等三部分内容。所讨论的自然语言主要指的是汉语。其中，语音识别是从汉语语音到汉字文本的识别过程，语音合成是从汉字文本到汉语语音的合成过程。在语音识别与语音合成的基础上，基于文本的自然语言处理相结合从而完成语音形式的自然语言处理，简称语音处理。

在语音处理中需要用到大量的人工智能技术，包括知识与知识表示、知识库、知识获取等内容。重点使用的是知识推理、机器学习及深度学习等方法，特别是其中的深度人工神经网络中的多种算法。此外，还与大数据技术紧密关联。

1. 语音识别

语音识别是指利用计算机实现从语音到文字自动转换的任务。在实际应用中，语音识别通常与自然语言理解和语音合成等技术结合在一起，提供一个基于语音的自然流畅的人机交互过程。

早期的语音识别技术多基于信号处理和模式识别方法。随着技术的进步，机器学习方法越来越多地应用到语音识别研究中，特别是深度学习技术，它给语音识别研究带来了深刻变革。同时，语音识别通常需要集成语法和语义等高层知识来提高识别精度，和自然语言处理技术息息相关。另外，随着数据量的增大和计算能力的提高，语音识别越来越依赖数据资源和各种数据优化方法，这使得语音识别与大数据、高性能计算等新技术广泛结合。

语音识别是一门综合性应用技术，集成了包括信号处理、模式识别、机器学习、数值分析、自然语言处理、高性能计算等一系列基础学科的优秀成果，是一门跨领域、跨学科的应用型研究。

2. 语音合成

语音合成又称文语转换，它的功能是将文字实时转换为语音。人在发出声音前，经过一段大脑的高级神经活动，先有一个说话的意向，然后根据这个意向组织成若干语句，接着可通过发音输出。

语音合成的过程是先将文字序列转换成音韵序列，再由系统根据音韵序列生成语音波形。第一步涉及语言学处理，如分词、字音转换等，以及一整套有效的韵律控制规则；第二步需要使用语音合成技术，能按要求实时合成高质量的语音流。因此，文语转换有一个复杂的、由文字序列到音素序列的转换过程。

3. 语音的自然语言处理

语音处理即语音形式的自然语言理解与语音形式的自然语言生成。

（1）语音形式的自然语言理解。语音形式的自然语言理解又称语音理解，它是由语音到计算机中的知识模型的转换过程。这个过程实际上就是由语音识别与文本理解两部分组成。其步骤是：①用语音识别将语音转换成文本；②用文本理解将文本转换成计算机中的知识模型。经这两个步骤后，就可完成从语音到计算机中的知识模型的转换过程。

（2）语音形式的自然语言生成，语音形式的自然语言生成又称语音自然语言生成，它是由计算机中的知识模型到语音的转换过程。这个过程实际上就是由文本生成与语音合成两部分组成。其步骤是：①用语音生成将计算机中的知识模型转换成文本；②用文本合成将文本转换成语音。经这两个步骤后，就可完成从计算机中的知识模型到语音的转换过程。

（四）自然语言处理的相关应用实例

自然语言处理应用很多，知名的如机器翻译、人机交互、军事指挥、机器人等领域应用，其范围已进入工业、家电、通信、汽车电子、医疗、家庭服务、消费电子产品等各个方面。

1. 自然语言人机交互界面

（1）计算机应用系统与融媒体接口平台。在传统的计算机应用系统中（一般都含有数据库或知识库）都有固定格式的人机交互界面，目前大都用 HTML 编写而成。这种界面内容固定，形式单一，操作复杂，不适合用户对系统多方面、多层次、多形式的需求。为解决此问题，出现统一的融合多种媒体、多种方式所组成的融媒体接口平台。这种平台与计算机应用系统的结合为应用系统的使用提供了方便、灵活与实用的界面。

（2）融媒体接口平台介绍。融媒体接口平台由三部分内容组成，分别是：①多种通信方式：包括过去的电话、传真等通信方式等，以及现代网络终端上的传统固定方式、邮件方式、微博方式、微信方式、QQ 方式、App 方式等；②多种媒体方式：包括固定参数方式、数字方式、自然语言文字方式、自然语言语音方式以及图像方式等；③统一接口：融媒体接口平台是一个独立的软件，它可以与任何计算机应用系统接口。这种接口是该平台中的一个模块，通过固定操作方式可与任意计算机应用系统接口。在完成接口后，计算机应用系统即可使用它建立起方便的人机交互界面，特别是可使用自然语言文字方式及自然语言语音方式与应用系统对话。

（3）融媒体接口平台中自然语言文字方式与语音方式的实现。由于目前融媒体接口平台中最为方便与有效的方式是自然语言文字方式及语音方式。

自然语言文字方式的实现，自然语言文字方式的实现是通过自然语言理解与自然语言生成而实现的。自然语言文字方式实现的原理是：通过自然语言理解将用户查询文本转换成计算机中知识模型，以此为依据转换成数据库中的查询语句,同时以获得查询结果。以查询结果为准构造自然语言生成中的知识模型,通过自然语言生成转换成查询结果文本输出。

自然语言语音方式的实现,通过语音识别与语音合成实现从语音查询为输入,最终得到语音的查询结果输出。

2. 自动文摘

利用自然语言理解技术可以对浩如烟海中的文本做出摘录,以方便查找、搜索所需的文档,这就是自动文摘。

自动文摘目前常用的方法:基于理解的自动文摘,其原理即通过自然语言理解获得文本的内在语法、语义、语用、语境的信息,在此基础上进行知识推理,以获得文本提取信息,再据此进行适当归整,文摘生成,最终得到的是文本的文摘。

自动文摘的操作原则:对每篇文章从句子开始,到段落、节、章、篇等顺序进行。

自动文摘的步骤:从文本开始依次进行语法分析、词法分析、语义分析等自然语言理解等过程,最终得到相应文本的知识模型,接着据此进行知识推理及文摘生成,最终得到文本的文摘。

文本文摘在图书、情报、资料等单位广泛应用,在现代网络信息查阅中也有不可估量的实际应用价值。目前有很多自动文摘工具可供使用,著名的如IBM公司的沃森系统等。

第三章　人工智能应用技术与系统

第一节　专家系统及其开发

一、知识工程与专家系统概念

知识工程与专家系统是人工智能发展中具有划时代影响的一种应用技术，他们联合开启了人工智能发展的第二个时期。其中，知识工程是应用技术，专家系统是在知识工程这种技术指导下的一种应用系统。

（一）知识工程概念

知识工程是人工智能真正进入实用性阶段的应用型分支学科，知识工程具有以下两方面含义：

第一，知识：人工智能学科的研究对象与中心是"知识"。

第二，工程化方法：人工智能学科的出路是用工程化方法开发应用。

工程化方法的具体含义指的是将人工智能中的知识信息用计算机中的工程化方法进行处理。在研究人工智能的思想、理论、体系的同时，还要研究人工智能中知识信息在计算机中处理的方法论研究，以促进人工智能应用的发展。

知识工程的思想一经提出，在人工智能界掀起了应用的高潮，为人工智能继续发展开辟了新的方向，从此人工智能走入第二次发展阶段，由知识工程带动的应用代表即是专家系统。

（二）专家系统概念

专家系统是知识工程中的一种应用系统，由于它在知识工程中的重要性，使得目前人们只记得专家系统，反而忘了指导与引领它发展的知识工程。

实际上在知识工程出现前专家系统就早已存在，第一个著名的专家系统出现于 1965 年，即是由爱德华·费根鲍姆所领导实现的专家系统 DENDRAL。它是一个用于化学领域中进行质谱分析推断化学分子结构的专家系统，其在此方面的水平已达化学专家程度。另一个有名的专家系统是由美国斯坦福大学爱德华·肖特利夫为首的团队于 1976 年所开发的血液病诊断的专家系统，该系统后来被知识工程界一致认为是专家系统的设计典范。就是因为在 1977 年以前就有了开发成功的专家系统，费根鲍姆总结了他们的开发经验并将其上升到一定理论高度，从而提出了知识工程这一著名的理论思想。

反过来，知识工程又从理论上给专家系统以明确的指导，从此专家系统开发就有了方向，自此以后，在国际上掀起了专家系统开发的高潮，人工智能从此进入了第二次发展新的时期。

专家即是专业人员，掌握一定的专业技能，能运用专业技能解决各类问题，如医生能治病、棋手能下棋、译员能翻译、咨询师能解答各类疑问、培训师能从事专门领域的培训等。所有这一切都表示，专家所掌握的专业技能实际上就是不同的领域知识，同时还能运用这些知识进行推理以获得领域内所需的知识或技能。

系统指的是计算机系统，特别指的是建立在一定计算机平台上的软件系统。这种系统能够存储足够多的知识且能进行推理，从而达到替代专家的工作。

专家系统是一个计算机系统，它通过知识与推理实现或替代人类专业技术人员的工作。按照这种理解，人工智能中有大量问题均属专家系统范畴，他们都可以用专家系统解决，因此从专家系统出现后众多人工智能应用领域，如自然语言理解、语音识别、人机博弈、无人驾驶等都出现了新的研究高潮，并持续不断取得的成果。20 世纪 80 年代日本所研发的"第五代计算机"即是一个专门用于专家系统开发的计算机系统，利用它在青光眼诊治及预防多种疾病发生等方面都取得了巨大成果。

在此时期，我国在专家系统的发展也取得了重大进展，为国际人工智能发展做出了贡献。20 世纪 70 年代末期由中科院自动化所研发的关幼波中医肝病诊治专家系统，是在国际上首个利用中医理论为指导开发的医学诊治专家系统。20 世纪 80 年代中期由西安交通大学研制出了人工智能语言 LISP 的专用计算机，用它可以开发专家系统。20 世纪 90 年代，以我国知名的人工智能专家、中国科学院应用数学研究所陆汝钤院士为首开发与研制成功首个系统、完整的专家系统开发工具"天马"。

直至近年,人工智能进入第三个发展时期,得益于机器学习等新技术的支持,使得专家系统又恢复活力,它目前仍是人工智能应用中一颗不老的常青树。

二、专家系统的组成

第一,知识库。专家系统中有多个领域知识,如肝病诊治专家系统即由多个有关诊断与治疗肝病的知识。他们以事实与规则表示,并采用一定的知识表示形式,如逻辑表示形式、产生式表示形式等,而目前以知识图谱表示形式为多见。在专家系统中将这些众多领域知识集合于一起组成一个知识库以便于系统对知识的访问、使用与管理,如知识查询、增加、删除、修改等操作以及知识推理等。知识库是一个组织、存储与管理知识的软件,它向用户提供若干操作语句,为用户使用知识库提供方便。知识则是存储于知识库内的知识实体。对不同专家系统,他们可以有相同的知识库,但是有不同的知识实体。

第二,知识获取接口。知识库中知识是由专门从事采集知识的工作人员从专家处经分析、处理并总结而得,这些人员称为知识工程师。在传统的专家系统中,原始知识获取即是通过这种人工方法获得的。在现代专家系统中可通过机器学习、大数据等多种自动方法获得。在获得知识后需要有一个接口将他们从外部输入知识库,这就是知识获取接口。知识库一旦获得了知识后,就能在专家系统中发挥作用。

第三,推理引擎。在专家系统中知识是基础,但是仅有知识是不够的,它还需要对知识作推理,才能得到所需的结果,如肝病诊治专家系统中除了有诊断与治疗肝病的知识外还需运用专家的思维对他们作推理,最后才能得到正确的诊断结果与治疗方案。在专家系统中实现推理的软件称为推理引擎,这是一种演绎性的自动推理软件,一般它可因知识表示方法不同而有所不同。

第四,系统输入/输出接口。专家系统是为用户服务的,因此需要有一个系统与用户间的输入/输出接口,以建立专家系统与用户间的关联。输入——用户对专家系统的需求以一定形式通过输入端接口进入系统。输出——专家系统响应该需求进行运行推理,最终将结果以一定形式通过输出端接口通知用户。

在系统输入 / 输出接口中还要有一定形式的人机交互界面，以方便人机间交互。

第五，应用程序。需要有一个专家系统的应用程序，该程序协调输入 / 输出接口、知识库、推理引擎间的关系以及监督推理引擎运行。

在传统专家系统中，由于流程简单，监督极少，因此应用程序往往可以省略。但在现代专家系统中流程复杂，监督烦琐，因此应用程序是不可缺少的。

三、传统专家系统与新一代专家系统

（一）传统专家系统

专家系统在人工智能发展的第二个时期中起到了关键性的作用，特别是 20世纪 70 年代末至 20 世纪 90 年代初，在人工智能学科发展中十分重要。但是随着应用需求的上升及系统规模的增大，专家系统的发展陷入瓶颈。现在看来，这种专家系统可称为"传统专家系统"。究其原因主要有以下三方面：

第一，专家系统的知识获取中的知识大都来源于知识工程师对专家的人工总结，在较为简单的情况下，这种手工操作还是可行的。但当专家知识较为复杂的情况下，这种获取手段就显得太过原始，获取的正确性与完整性就得不到保证，这就使得专家系统的实际应用受到严重影响。

第二，在专家系统中使用自动推理机制，即用推理引擎作推理。推理引擎是一个软件，其算法复杂性均为指数级，因此当推理简单时，这种推理是可行的，但当推理复杂时，这种推理就不可行了，即便是采用极高能力的计算机也是无济于事的。

第三，专家系统中的人机交互接口较为简单，在复杂的情况下，与用户交互较为困难，这直接影响到专家系统作用的发挥。

（二）新一代专家系统

在人工智能发展进入第三个时期后，对专家系统的研究也出现了新的发展，这主要表现为传统专家系统与第三时期的新技术的结合，表现如下：

第一，采用了机器学习等新技术，实现了自动或半自动知识获取的手段。

第二，采用了新的知识表示方法，如本体、知识图谱等方法及新的推理机制，组成了新的知识库及推理引擎。

第三，充分利用自然语言理解新技术，实现了新的人机交互界面。

新技术与专家系统的结合，产生了新型的专家系统，可称为"新一代专家系统"，它的出现标志人工智能发展第三个时期的又一个新的里程碑。

四、专家系统开发

（一）专家系统开发工具

目前用于专家系统的开发工具一般分为以下两种：

1. 计算机程序设计语言开发

用计算机程序设计语言开发可以用多种不同语言开发专家系统，例如以下三类：

（1）通用的程序设计语言：C、C++、C#、Java、Python 等。

（2）专用的程序设计语言：Lisp、Prolog、CliPt 等。

（3）其他的语言与工具。

当开发大型、复杂的专家系统时需要用多种类型的计算机程序设计语言开发，以期取得较好的开发效果。

2. 专用开发工具开发

在一般情况下，专家系统开发使用专用的专家系统开发工具，目前有多种这方面的专家系统开发工具。早期典型的有 EMYCIN、KAS、EXPERT 等。这些开发工具通常是利用一些已成熟的用计算机程序设计语言开发的专家系统抽取知识库中的具体知识演化而成的。和具体的专家系统相比，它保留了原系统的基础框架（知识库、接口与推理引擎）而对用户输入 / 输出接口中的人机界面由专用的扩充成通用的。

如 EMYCIN 是将诊断治疗细菌感染的专家系统 MYCIN 抽取其知识库中的知识而获得，它是一个可以开发一般医疗诊治的开发工具。而 KAS 则是地质专家系统 PROSPECTOR 的骨架系统。用于诊治青光眼的专家系统 CASENT 抽取了其具体知识后就是专门用于医学诊治的开发工具 EXPERT。

利用专家系统开发工具只要将不同领域知识填充至知识库中，并编写一个应用程序即可使用已有的推理引擎，通过输入 / 输出接口即可构成一个新的专家系统。

专家系统开发工具目前因不同类型及不同知识表示方法而有很多种类。这是由于不同的知识表示方法，有不同知识推理引擎与知识获取接口，同时因不同专家系统类型，输入/输出接口也有所不同。不同的专家系统应根据不同类型与知识表示而选用不同专家系统开发工具。

（二）专家系统开发人员

由于专家系统是一个人工智能应用，同时它又是一个计算机应用系统，因此在专家系统开发中需要以下两方面人员参与：

第一，人工智能专家系统专业人员，具体来说即是知识工程师。

第二，计算机应用系统开发人员，具体来说即是系统及软件分析员、编码员、测试员及运行维护员等四类人员。

只有这两部分人员的分工合作才能完成专家系统的开发。

（三）专家系统开发步骤

专家系统的开发总体来说是一种计算机软件开发，因此一般需遵从软件工程开发原则，并适当变通。以常用的专家系统开发工具的方法以及人工获取知识的手段为前提，对开发步骤作介绍。

开发一个专家系统一般可分为下面六个开发步骤：

1. 系统需求分析

在需求分析中需做下面三件事：

（1）确定专家系统的目标，即专家系统类型。

（2）确定专家系统知识来源以及确定所用知识的表示方法。

（3）确定应用程序工作流程。

需求分析后，需编写需求分析说明书，作为文档保存。

参与此步骤的开发人员应是知识工程师及软件分析员。

2. 系统设计

在完成需求分析后即进入系统设计阶段，在此阶段中需完成以下三项工作：

（1）根据专家系统类型以及知识的表示方法确定所选用的开发工具。

（2）由知识工程师根据知识来源，通过总结、整理、归纳最终得到该专家系统的知识。

（3）由应用程序工作流程组织软件程序模块。

系统设计过程中，需编写系统设计说明书，作为文档保存。

参与此步骤的开发人员应是知识工程师及软件分析员。

3．系统平台设置

根据系统设计设置系统平台，包括以下两个方面：

（1）系统硬件平台：如计算机平台、计算机网络平台等。

（2）系统软件平台：如计算机平台中的操作系统、开发工具及知识库工具等；计算机网络平台中的开发工具及知识库工具等。

系统平台设置过程中，需编写系统平台设置说明书，作为文档保存。

参与此步骤的开发人员应是系统及软件分析员。

4．系统编码

系统编码分为以下两个部分内容：

（1）知识编码。按开发工具提供的编码方式对知识编码，并在编码后通过知识获取接口将他们依次录入开发工具的知识库中。

（2）应用程序编码。按开发工具提供的编码方式对软件程序模块编码，并在编码后将他们放入开发工具相应的应用程序中。

系统编码过程中，需编写知识列表清单及源代码清单，作为文档保存。

在完成系统编码后，一个具有实用价值的专家系统就初步完成。

参与此步骤的开发人员应是知识工程师及编码员。

5．系统测试

对编码完成的专家系统作测试。测试的主要内容是针对专家系统中的知识与应用程序进行的，包括以下两项：

（1）局部测试：包括对知识库中的知识作测试以及对应用程序作测试。

（2）全局测试：在做完局部测试后即进入全局测试，包括开发工具与应用程序以及安装有知识的知识库这三者间的联合测试。

在完成测试后需编写测试报告，作为文档保存。

编码员需根据测试报告要求对专家系统调整与修改，使其能达到需求分析的要求。

参与此步骤的开发人员应是测试员及编码员。

6．系统运行与维护

经过测试后的专家系统可以正式投入运行。在运行过程中还需不断对系统作一定的维护。这种维护包括两方面：

（1）知识库的维护：对知识库作增、删、改等不断维护。

（2）应用程序的维护：对应用程序作不断调整与修改。

在运行过程中需每日填报运行记录。在每次维护后需填报维护记录作为文档保存。

参与此步骤的开发人员应是知识工程师及运行维护员。

第二节　深度学习与卷积神经网络

一、深度学习

（一）浅层学习与深度学习

机器学习中，部分学习方法如分类方法中的支持向量机、人工神经网络中的单层感知器及仅含一层隐藏层的感知器等，它的分类学习能力有限，仅适合于特征量少、分类类型不多的应用，这种通过数据学习的能力只能获得其中简单的、粗线条的、浅层次的知识而无法得到复杂的、细致的、深层次的知识，因此这种学习称为浅层学习。如果可以应用浅层学习区分一个物体是为人，但是无法应用浅层学习区分每个不同的人（即人脸识别），由于这种学习能力上的受限性，使得机器学习在较长一段时间内得不到重视并无法得到进一步发展。这就需要有一种能获得复杂的、细致的、深层次知识的学习方法，它就是深度学习。从理论上讲，深度学习可以有以下两种方法：

第一，对浅层学习方法扩充。浅层学习中的层次往往比较浅，如人工神经网络中的单层感知器及仅含一层隐藏层的感知器等，此时可增加隐藏层，由一层增加至两层、三层，甚至n层。从理论上讲这是可行的，但实际上，由于隐藏层增加而引起大量权重参数的增加，为解决此问题又必须加大训练数据的量，且这些数据必须为带标号的数据。在现实世界中带标号的数据是较难获得的一种数据，大量这种数据的获得显然是做不到的，因此最终的结果必然造成了过拟合现象^①的出现，因此这种方法在实际应用中并不可取。

第二，对浅层学习方法进行重大改造。在浅层学习方法基础上进行重大改造，其目标方向是使改造后的模型权重数量增加并不很多，同时带标号的数据量也增加并不多，或者可用大量易于获得的不带标号的数据替换带标号的数据，这种方法显然是具有实用性与可行性。这就是所谓的深度学习方法。

因此，在浅层学习方法基础上，近年来机器学习研究者大量致力于深度学习方法的研究并取得了突破性的成果。

（二）深度学习的主要观点

对深度学习的研究来源于人类大脑对视觉、听觉反应与接受的机制的研究而来，深度学习的一些观点如下：

第一，特征提取与选择：在一般机器学习中，大量的样本数据是重要的前提，但在图像处理、语音处理及文字识别应用中，样本获取是极其困难的，此时它所呈现的数据形式是用点阵表示的，需要通过点阵自动取得相应的特征值以取代样本，是实现这些学习的基本关键，是深度学习需要解决的首要问题，它称为特征提取与选择。

第二，特征的分层提取：在特征的提取中一般遵循由粗到细、由具体到抽象逐层提取的原则。例如在一辆摩托车的图像识别中，一个点阵形式的摩托车图像是无法识别的，只有将其逐步细化及抽象化后，才能辨认出一个把手及两个轮子等特征，从而识别摩托车。

第三，特征的分块提取：在特征的提取中遵循由局部到全局的分块提取原则，即在点阵式表示中将其划分成若干个大小一致的点阵小方块，以小方块为单位逐个特征提取，最后将分块所提取的特征组合成整体。

第四，特征选择：随着特征的提取，还需要对特征作选择。在特征选择中一般遵循由多到少、由分散到聚合的选择原则。如在摩托车图像识别中，在初始阶段往往会出现很多非本质性的特征，经过逐层选择，将众多特征由多到少、由分散到聚合成少量本质性的特征。

---

① 过拟合现象指的是：一个假设在训练数据上能够获得比其他假设更好的拟合，但是在训练数据外的数据集上却不能很好的拟合数据。

第五，特征提取可采用不带标号数据的非监督学习方式实现。

第六，整个深度学习是由不带标号数据的非监督学习完成特征提取与选择，以及带标号数据的监督学习完成分类这两个部分实现的。

第七，深度学习是由非监督学习与监督学习共同完成的，其中大量的不带标号数据需完成特征提取与选择，然后用较少量的带标号数据的监督学习完成最终的分类学习。

深度学习能够挖掘出存在于数据之间高度内在隐含的关系。深度学习作为一种新的机器学习方法，通过对深层非线性网络结构的监督学习，实现对复杂函数参数的高度近似值的获得，并具有强大的从有限带标号样本集合中学习问题本质的能力。这种特性更有利于深度学习对视觉、语音等信息进行建模，进而能更好地对图像和视频进行表达和理解。

二、卷积神经网络

（一）卷积神经网络的原理

在各种深度神经网络中，卷积神经网络（CNN）是应用最广泛的一种，CNN 在早期被成功应用于手写字符图像识别。2012 年更深层次的 AlexNet 网络取得成功，此后 CNN 蓬勃发展，被广泛用于各个领域，在很多问题上都取得了最好的性能，在多个领域的应用中相当成功。

CNN 是深度学习的一种，因此具有深度学习的共同特性。他们在 CNN 中通过以下原理实现：

第一，CNN 在功能上完成特征学习能力与分类学习能力。

第二，CNN 在结构上是一种多层 BP 神经网络，它由两部分组成：一是通过多个隐藏层以获取特征学习能力；二是由一个隐藏层的 BP 网络完成分类学习能力。这两者的有机结合组成了一个完整的 CNN。

第三，CNN 获取特征学习能力的隐藏层是通过卷积层与池化层等实现的，在此中可使用不带标号的数据进行训练。以卷积层与池化层所组成的隐藏层是有多个层次的，他们通过多层操作完成特征的提取与选择。其中，卷积层完成特征的提取，池化层完成特征的选择。

第四，CNN 的卷积层结构完全采用传统 BP 神经网络中的隐藏层结构形式，而池化层结构则采用对图像某一个区域用一个值代替的形式。

第五，CNN 通过局部感受区域（或称为感受野）作为网络的输入，形成多个卷积核所组成的卷积层，并在后期再将其组合成全连接层。全连接层即传统 BP 神经网络中的隐藏层。它完成了由局部到全局的过程。

第六，CNN 是由多个层组织而成的，包括输入层、卷积层、池化层、全连接层、输出层。

第七，在卷积层和池化层中可以用无标号数据训练；而输入层、全连接层、输出层则是一个 BP 网络，它需要用带标号数据训练。

第八，由多个层次所组成的 CNN 从输入的图像开始进入多个卷积层（与池化层），每过一层都经历了"去粗取精，去伪存真"的过程，得到一个比上一层更为浓缩、特征更为明显的图，称为特征图。在卷积层中，前面的卷积层捕捉图像局部、细节信息，后面的卷积层捕获图像更复杂、更抽象的信息。经过多个卷积层的运算，最后得到图像在各个不同尺度的抽象表示。

CNN 结构起源于模拟人脑视觉皮层中的细胞之间的结构原理，人类大脑的视觉皮层具有分层结构，其观察事物是由局部到全局的过程。因此，CNN 适用于计算机视觉领域应用以及图像处理领域应用中，此后，经不断改进，同时也适用于声音、文字等领域应用中。

（二）卷积神经网络的特点

CNN 有着以下特点：

第一，CNN 拥有局部权值共享的特点，且布局更接近于实际生物神经网络结构。权值共享可大大减少训练参数，令神经网络结构更简单，适应性更强。

第二，可以直接从传感器输入的点阵数据自动生成相应特征值。

第三，特征提取和模式分类可以同时进行，且同时在训练中产生。

第四，CNN 中使用大量的、易于获得的无标号数据作学习得到所有层的最佳初始权重，然后再用少量的、代价昂贵的标号数据对权值参数进行微调，从而得到的模型。相比于仅拥有监督学习所得到的模型更好。

第五，网络的结构适合于对图像、语音处理以及文字分析和语言检测等领域应用，以及其他相似领域应用。

（三）卷积神经网络的训练

训练 CNN 的目的是寻找一个模型，通过学习样本，这个模型能够记忆足够多的输入与输出映射关系。CNN 的训练过程可分为前向传播和反向传播两个阶段。

1. 前向传播阶段

（1）将初始数据输入卷积神经网络中。

（2）逐层通过卷积、池化等操作，输出每一层学习到的参数，n–1 层的输出作为 n 层的输入。

（3）最后经过全连接层和输出层得到更显著的特征。

2. 反向传播阶段

（1）通过网络计算最后一层的偏差和激活值。

（2）将最后一层的偏差和激活值通过反向传递的方式逐层向前传递，使上一层中的神经元根据误差来进行自身权值的更新。

（3）根据偏差进一步算出权重参数的梯度，并再调整卷积神经网络参数。

（4）继续第（3）步，直到收敛 ① 或已达到最大迭代次数。

对于 CNN 的学习，实质上是"预训练 + 监督微调"的模式，预训练采用逐层训练的形式，就是利用输入 / 输出对每一层单独训练。其训练样本集是大量的无标号数据，他们可以较容易得到。预训练之后，再利用较少量的标号数据（他们的获得需昂贵代价），对权值参数进行微调。这种自学习方法能够通过使用大量的无标号数据来学习得到所有层的最佳初始权重，然后再用少量的标号数据对权值参数进行微调，从而得到的模型。相比于仅拥有监督学习所得到的模型更好。

---

① 收敛指的是会聚于一点，向某一值靠近。

第三节 智能机器人与多智能体系统

一、智能机器人

机器人是集机械、电子、控制、计算机、传感器、人工智能等多学科及前沿技术于一体的高端装备，是制造技术的制高点。目前，在工业机器人方面，其机械结构更加趋于标准化、模块化，功能越来越强大，已经从汽车制造、电子制造和食品包装等传统应用领域转向新兴应用领域，如新能源电池、高端装备和环保设备，在工业领域得到了越来越广泛的应用。与此同时，机器人正在从传统的工业领域逐渐走向更为广泛的用场景，如以家用服务、医疗服务和专业服务为代表的服务机器人以及用于应急救援、极限作业和军事的特种机器人。面向非结构化环境的服务机器人正呈现出欣欣向荣的发展态势。总体来说，机器人系统正向智能化系统的方向不断发展。

（一）机器人的认知

1. 机器人的特点

机器人是人工智能的一种应用，它综合应用了人工智能中的多种技术，并且与现代机械化手段相结合组合而成的一种机电设备。从浅显的角度讲，机器人是一种在一定环境中具有独立自主行为的个体。它有类人的功能，但不一定有类人的外貌的机电相结合的机器。机器人具有以下特点：

（1）类人的功能。类人的功能表示机器人具有类似于人的功能，主要包括以下三种：

第一，人的智能功能：能控制、管理、协调整个机器人的工作，并能从事演绎推理与归纳推理等思维活动，这是人工智能的主要能力。

第二，人的感知功能：具有人对外部环境的感知能力，包括人的视觉能力、听觉能力、触觉能力、嗅觉能力、味觉能力等，此外还有人虽无法直接感知，但可通过仪器、设备间接感知的能力，如血压、血糖、血脂、紫外线、红外线等感知能力。

第三，人的行动功能：具有人的自主动作能力，以实现预定目标，包括人的行走能力、人的操作能力、人与外部物件交互能力等，以实现手和脚的动态活动功能。

（2）不一定有类人的外貌。目前所见到的机器人，有时会有类人的外貌，但是在很多情况下，他们不一定具有人的外貌，这与它本身所承担的功能有关，如消防灭火机器人的主要功能是灭火，因此与灭火有关的外部形式均需加强，而与灭火无关的外部形式均可取消，为方便在高低不平的火场自由行动，采用履带式滚动装置替代人的双脚更为方便，而直接使用可控的喷水装置取代人的双手也更为合适。机器人的一个原则就是：功能决定外貌。

（3）机电相结合。机器人是一种机械与电子设备相结合的机器，其中机械设备的占比较大。这主要是它的行动功能所致。行动功能是需要机械装置配合的，大多是精密机械装置，如机械手中能灵活自由转动上、下、左、右、前、后360°的机械腕，能感觉所取物件重量与几何外形并能精确定位将物件取走或放下的机械手指。他们均属精密机械装置，同时在操作时均受相应电子设备控制，并相互协调从而完成目标动作。因此这种能做动作的设备是一种机电结合的设备。此外，感知功能与外貌配置也需要机电相结合的装置，如感知功能中的传感器、感知设备以及机器人人脸动态表情的表示中需有精密机械装置并配有电子设备控制协调。

（4）从机器角度看，一般机器能取代人类的部分体力劳动，而机器人能取代更多的工作，特别是具有脑/体结合性工作，可提高生产效率、产品质量。它即是安装于机器人中的计算机，能对机器人中的所有部件进行统一控制与协同，以完成机器人的行动目标。同时，它能完成机器人中的智能活动。

（5）从人类角度看，机器人可不受工作环境影响，可在危险、恶劣环境下工作；不受内在心理因素影响，能始终如一保持工作的正确性、精确度。

（6）从机器人自身角度看，机器人在某些能力方面可以超过人的能力，主要是感知能力与行动能力中的某些方面，如人类无法在夜间黑暗环境下像白天一样正常工作，而机器人可借助红外线感知能力，使其在夜间像白天一样工作。又如在行动能力中，机器人的手可比正常人小，它的手腕能360°自由转动，因此可以用它替代外科医生作人体手术，具有比人更纤巧、更灵活、更方便的优点。

目前在国内外普遍应用于腹腔手术的"达·芬奇机器人"就是一个典型的实例。

综上所述，机器人是一种具有人类的一定智能能力，能感知外部世界的动态变化能力，并且通过这种感知作出反映，以一定动作行为对外部世界产生作用。机器人是一种具独立行为能力的个体，有类人的功能，根据功能可以决定其外貌，可具类人外貌，也可不具类人外貌。从其机器结构角度看，它是一种机械与电子相结合的机器。

从学科研究角度看，机器人的研究方向与环境有关联，因此它属于行为主义或控制论主义研究领域，理论上属于 Agent 范畴，可用 Agent 理论指导它的研究。

2. 机器人的分类

从发展历史看，在计算机出现以前就有了机器人的原型，而计算机出现以后人工智能出现之前，以及在人工智能发展的若干年中，机器人有一定的计算处理能力，能管理、控制与协调机器人各部件协同工作，但仅限于固定程式的处理能力，有时还会依赖于人工协助，同时没有以推理与归纳为核心的智能处理能力，这种机器人大量应用于工业应用领域，因此称为工业机器人。工业机器人应用普遍，到目前为止在工业领域占有量达 90% 以上。由于此类机器人的智能处理能力差，称为弱智能机器人；具有完整智能处理能力的机器人称为强智能机器人，又称智能机器人，一般都用此称谓。

因此，从机器人的智能能力可以对其分为以下两类：

（1）弱智能机器人：智能处理能力差的机器人，如工业机器人。

（2）智能机器人：具有完整智能处理能力的机器人，又称强智能机器人。

3. 机器人的组织结构

从机器人定义可以看出，机器人可由三个部分装置组成，分别是中央处理装置、感知装置以及行动装置。

（1）中央处理装置。它即是安装于机器人中的计算机，能对机器人中的所有部件进行统一控制与协调，以完成机器人的行动目标。同时，它能完成机器人中的智能活动。

（2）感知装置。机器人中可以有多个感知器，用以接收外部环境的信息，它相当于人的眼、耳、鼻等接受器官。所有这些感知器通过相应的控制器组成机器人感知装置。感知装置与中央处理装置相连接，由感知器收集到的外部信息后经相应控制器连接进入中央处理装置进行处理。感知装置中的感知器负责捕获环境中的特定信息，相应的控制器是控制感知器，并将其进行模/数转换，最后传送至中央处理装置指定部件。

目前常用的感知器有：摄像机（机器人眼）、麦克风（机器人耳）、嗅敏仪（机器人鼻），以及多种传感器，如温度传感器、压力传感器、湿度传感器、光敏传感器等，他们都表示机器人对外部环境的多种感知能力，并能将其传递至中央处理装置。

（3）行动装置。机器人中可以有多个执行器，用以完成机器人对外部环境的执行动作，它相当于人的手、脚、嘴等行动器官。所有这些执行器，通过相应的控制器组成机器人行动装置。行动装置与中央处理装置相连接，由中央处理装置发布动作命令后经相应控制器连接进入执行器进行处理。行动装置中的执行器负责执行机器人中央处理装置的命令，相应地控制器解释、控制、协调执行器的执行。目前常用的执行器有：机械手（机器人手）、行走机构（机器人脚）、扬声器（机器人嘴），以及其他的一些执行器，如救援机器人中的报警器、消防灭火机器人中的自动喷水器等。

4. 群体机器人

机器人是人工智能中一个独立行为主体，在很多情况下，单个个体往往很难胜任复杂工作，这就需要多个机器人在统一的目标引导下，通过相互通信的方式以达到相互协调一致以完成统一的目标。用这种方式组成的多个机器人就称为群体机器人，群体机器人可以协调各个体机器人之间关系，以完成统一目标。群体机器人的理论基础是多 Agent 技术，它的应用实现可用多 Agent 技术指导以完成其工作。

（二）智能机器人的发展

1954 年，美国人乔治·德沃尔制造出世界上第一台可编程的机械手并申请了专利，这种机械手能够按照不同程序从事不同的工作，具有一定的通用性和灵活性。1968 年，美国斯坦福研究所公布由其研发成功的机器人 Shakey，它配备有电视摄像机、三角法测距仪、碰撞传感器、驱动电机以及码盘等硬件，并由两台计算机通过无线控制，能够自主完成感知、环境建模、行为规划等任务，如根据人的指令发现并抓取积木。Shakey 可以算是世界上第一台智能机器人，拉开了智能机器人研究的序幕。

人工智能与机器人不同，人工智能解决学习、感知、语言理解或逻辑推理等任务，若想在物理世界完成这些工作，人工智能必然需要一个载体，机器人便是这样的一个载体。机器人是可编程机器，通常能够自主或半自主地执行一系列动作。机器人与人工智能相结合，由人工智能程序控制的机器人称为智能机器人。

让机器人成为人类的助手和伙伴，与人类或者其他机器人协作完成任务，是智能化机器人的重要发展方向。为了使机器人更加全面精准地理解环境，需要机器人配置视觉、声觉、力觉、触觉等多传感器，通过多传感器的融合技术与所处环境进行交互，使机器人在动态和不确定的环境下，完成复杂和精细的操作任务。一方面，借助脑科学和类人认知计算方法，通过云计算和大数据处理技术，可以增强机器人感知环境、理解和认知决策能力；另一方面，需要研制新型传感器和执行器，机器人通过作业环境、人与其他机器人的自然交互、自主适应动态环境，提高机器人的作业能力。

此外，当今兴起的虚拟现实技术和增强现实技术也已经应用在机器人中，与各种穿戴式传感技术结合起来，采集大量数据，采用人工智能方法来处理这些数据，可以让机器人具有自主学习人的操作技能、进行概念抽象、实现自主诊断等功能。此外，汽车智能化是汽车发展的必然性方向，无人车技术正是使得汽车不断机器人化。科幻世界正在一步步变为现实。

（三）人工智能技术在机器人中的应用

人工智能技术的应用提高了机器人的智能化程度，同时智能机器人的研究又促进了人工智能理论和技术的发展。智能机器人是人工智能技术的综合试验场，可以全面地检验考察人工智能各个研究领域的技术发展状况。

1. 智能感知技术

随着机器人技术的不断发展，其任务的复杂性与日俱增。传感器技术为机器人提供了感觉，提升了机器人的智能，并为机器人的高精度智能化作业提供了基础。传感器是指能够感受被测量并按照一定规律变换成可用输出信号的器件或装置，是机器人获取信息的主要源头，类似人的"五官"。以下将阐述人工智能技术在机器人"视觉""触觉"和"听觉"三类最基本的感知模态中的应用。

（1）视觉在机器人中的应用。人类获取信息的大部分来自于视觉，因此，为机器人配备视觉系统是非常自然的想法机器人视觉可以通过视觉传感器获取环境图像，并通过视觉处理器进行分析和解释，进而转换为符号，让机器人能够辨识物体并确定其位置。其目的是使机器人拥有一双类似于人类的眼睛，从而获得丰富的环境信息，以此来辅助机器人完成作业。

在机器人视觉中，客观世界中的三维物体经由摄像机转变为二维的平面图像，再经图像处理输出该物体的图像，通常机器人判断物体位置和形状需要两类信息，即距离信息和明暗信息。毋庸置疑，作为物体视觉信息来说，还有色彩信息，但它对物体的位置和形状识别不如前两类信息重要机器人视觉系统对光线的依赖性很大，往往需要好的照明条件，以便使物体所形成的图像最为清晰、检测信息增强，克服阴影、低反差、镜反射等问题。

机器人视觉的应用包括为机器人的动作控制提供视觉反馈、移动式机器人的视觉导航以及代替或帮助人工进行质量控制、安全检查所需要的视觉检验。

（2）触觉在机器人中的应用。人类皮肤触觉感受器接触机械刺激产生的感觉，称为触觉。皮肤表面散布着触点，触点的大小不尽相同且分布不规则，一般情况下指腹最多，其次是头部，背部和小腿最少，所以指腹的触觉最灵敏，而小腿和背部的触觉则比较迟钝。若用纤细的毛轻触皮肤表面，只有当某些特殊的点被触及时，人才能感受到触觉。触觉是人与外界环境直接接触时的重要感觉功能。

触觉传感器是机器人中用于模仿触觉功能的传感器。机器人中的触觉传感器主要包括接触觉、压力觉、滑觉、接近觉和温度觉等，触觉传感器对于灵巧手的精细操作意义重大。在过去，人们一直尝试用触觉感应器取代人体器官。然而，触觉感应器发送的信息非常复杂、高维，而且在机械手中加入感应器并不会直接提高他们的抓物能力。我们需要的是能够把未处理的低级数据转变成高级信息从而提高抓物和控物能力的方法。

近年来，随着现代传感、控制和人工智能技术的发展，科研人员对包括灵巧手触觉传感器以及使用所采集的触觉信息结合不同机器学习算法实现对抓取物体的检测与识别以及灵巧手抓取稳定性的分析等开展了研究。目前，主要通过机器学习中的聚类、分类等监督或无监督学习算法来完成触觉建模。

（3）听觉在机器人中的应用。人的耳朵同眼睛一样是重要的感觉器官，声波叩击耳膜，刺激听觉神经的冲动，之后传给大脑的听觉区形成人的听觉。

听觉传感器用来接收声波，显示声音的振动图像，但不能对噪声的强度进行测量，是一种可以检测、测量并显示声音波形的传感器，被广泛用于日常生活、军事、医疗、工业、领海、航天等领域，并且成为机器人发展所不能缺少的部分。在某些环境中，要求机器人能够测知声音的音调和响度、区分左右声源及判断声源的大致方位，甚至是要求与机器进行语音交流，使其具备"人—机"对话功能，自然语言与语音处理技术在其中起到重要作用。听觉传感器的存在，使机器人能更好地完成交互任务。

（4）机器学习在机器人多模态信息融合中的应用。随着传感器技术的迅速发展，各种不同模态（如视、听、触）的动态数据正在以前所未有的发展速度涌现。对于一个待描述的目标或场景，通过不同的方法或视角收集到的、耦合的数据样本是一个多模态数据通常把收集这些数据的每一种方法或视角称之为一个模态。狭义的多模态信息通常关注感知特性不同的模态，而广义的多模态融合则通常还需要研究不同模态的联合内在结构、不同模态之间的相容与互斥和人—机融合的意图理解，以及多个同类型传感器的数据融合等。因此，多模态感知与学习这一问题与信号处理领域的"多源融合""多传感器融合"以及机器学习领域的"多视学习"或"多视融合"等有密切关系。机器人多模态信息感知与融合在智能机器人的应用中起着重要作用。

机器人系统上配置的传感器复杂多样，从摄像机到激光雷达，从听觉到触觉，从味觉到嗅觉，几乎所有传感器在机器人上都有应用。但限于任务的复杂性、成本和使用效率等因素，目前市场上的机器人采用最多的仍然是视觉和语音传感器，这两类模态一般独立处理（如视觉用于目标检测、听觉用于语音交互）。但对于操作任务，由于大多数机器人尚缺乏操作能力和物理人机交互能力，触觉传感器基本还没有应用。

对于机器人系统而言，所采集到的多模态数据各自具有一些明显的特点，这些问题包括：①"污染"的多模态数据：机器人的操作环境非常复杂，采集的数据通常具有很多噪声和野点；②"动态"的多模态数据：机器人总是在动态环境下工作，采集到的多模态数据必然具有复杂的动态特性；③"失配"的多模态数据：机器人携带的传感器工作频带、使用周期具有很大差异。此外，这些传感器的观测视角、尺度也不同，从而导致各模态之间的数据难以"配对"。这些问题对机器人多模态信息的融合感知带来了巨大挑战。为了实现多种不同模态信息的有机融合，需要为其建立统一的特征表示和关联匹配关系。

视觉信息与触觉信息采集的可能是物体不同部位的信息，前者是非接触式信息，后者是接触式信息，因此他们反映的物体特性具有明显差异，使视觉信息与触觉信息具有非常复杂的内在关联关系。现阶段很难通过人工机制分析的方法得到完整的关联信息表示，因此数据驱动的方法是将目前比较有效的一种解决这类问题的途径。

如果说视觉目标识别是在确定物体的名词属性（如"石头""木头"），那么触觉模态则特别适用于确定物体的形容词属性（如"坚硬""柔软"）。"触觉形容词"已经成为触觉情感计算模型的有力工具。值得注意的是，对于特定目标而言，通常具有多个不同的触觉形容词属性，而不同的"触觉形容词"之间往往具有一定的关联关系，如"硬"和"软"一般不能同时出现，但"硬"和"坚实"却具有很强的关联性。

视觉与触觉模态信息具有显著的差异性：一方面，他们的获取难度不同。通常视觉模态较容易获取，而触觉模态更加困难，这往往造成两种模态的数据量相差较大。另一方面，在采集过程中采集到的视觉信息和触觉信息往往不是针对同一部位的，具有很弱的"配对特性"。因此，视觉与触觉信息的融合感知具有极大的挑战性。

机器人是一个复杂的工程系统，开展机器人多模态融合感知需要综合考虑任务特性、环境特性和传感器特性但目前机器人触觉感知方面的进展远远落后于视觉感知与听觉感知的进展。如何融合视觉模态、触觉模态与听觉模态的研究工作尽管在20世纪80年代就已开始，但进展一直缓慢。未来需要在视、听、触融合的认知机制、计算模型、数据集和应用系统上开展突破，综合解决信息表示、融合感知与学习的计算问题。

2. 智能导航与规划

随着信息科学、计算机技术、人工智能及其现代控制等技术的发展，人们尝试采用智能导航与规划的方式来解决机器人运行的安全问题，这既是作为机器人相关研究和开发的一项核心技术，同时也是机器人能够顺利完成各种服务和操作（如安保巡逻、物体抓取）的必要条件。

以专家系统与机器学习的应用为例，机器人导航与规划的安全问题一直是智能机器人面临的重大课题，针对受限条件下受人为干预因素导致机器人自动化程度低等问题，在导航与规划上减少人的参与并逐步实现机器人避碰自动化是解决人为因素的根本方法。自 20 世纪 80 年代以来，国内外在智能导航与规划技术方面取得了重大发展。实现智能导航的核心是实现自动避碰。为此，许多专家、学者从各个领域，尤其是结合人工智能技术的进步和发展，致力于解决机器人的智能避碰问题。机器人自动避碰系统由数据库、知识库、机器学习和推理机等构成。

3. 智能控制与操作

机器人的控制与操作包括运动控制和操作过程中的自主操作与遥操作。随着传感技术以及人工智能技术的发展，智能运动控制和智能操作已成为机器人控制与操作的主流。

（1）神经网络在智能运动控制中的应用。目前，机器人的智能控制方法包括定性反馈控制、模糊控制以及基于模型学习的稳定自适应控制等方法，采用的神经模糊系统包括线性参数化网络、多层网络和动态网络。机器人的智能学习因采用逼近系统，降低了对系统结构的需求，在未知动力学与控制设计之间建立了桥梁。

神经网络控制是基于人工神经网络的控制方法，具有学习能力和非线性映射能力，能够解决机器人复杂的系统控制问题。机器人控制系统中应用的神经网络有直接控制、神经网络自校正控制、神经网络并联控制等结构。

第一，神经网络直接控制利用神经网络的学习能力，通过离线训练得到机器人的动力学抽象方程。当存在偏差时，网络就产生一个大小正好满足实际机器人动力特性的输出，以实现对机器人的控制。

第二，神经网络自校正控制结构是以神经网络作为自校正控制系统的参数估计器，当系统模型参数发生变化时，神经网络对机器人动力学参数进行在线估计，再将估计参数送到控制器以实现对机器人的控制。由于该结构不必对系统模型简化为解耦的线性模型，且对系统参数的估计较为精确，因此控制性能明显提升。

第三，神经网络并联控制结构可分为前馈型和反馈型两种。前馈型神经网络学习机器人的逆动力特性，并给出控制驱动力矩与一个常规控制器前馈并行，实现对机器人的控制，当这一驱动力矩合适时，系统误差很小，常规控制器的控制作用较低；反之，常规控制器起主要控制作用。反馈型并联控制是在控制器实现控制的基础上，由神经网络根据要求的和实际的动态差异产生校正力矩，使机器人达到期望的动态。

（2）机器学习在机器人灵巧操作中的应用。随着先进机械制造、人工智能等技术的日益成熟，机器人研究关注点也从传统的工业机器人逐渐转向应用更为广泛、智能化程度更高的服务型机器人。对于服务机器人，机械手臂系统完成各种灵巧操作是机器人操作中最重要的基本任务之一，近年来一直受到国内外学术界和工业界的广泛关注。其研究重点包括让机器人能够在实际环境中自主智能地完成对目标物的抓取以及拿到物体后完成灵巧操作任务。这需要机器人能够智能地对形状、姿态多样的目标物体提取抓取特征、决策灵巧手抓取姿态及规划多自由度机械臂的运动轨迹以完成操作任务。

利用多指机械手完成抓取规划的解决方法大致可以分为"分析法"与"经验法"两类思路。"分析法"需要建立手指与物体的接触模型，根据抓取稳定性判据以及各手指关节的逆运动学，优化求解手腕的抓取姿态。由于抓取点搜索的盲目性以及逆运动学求解优化的困难，"经验法"在机器人操作规划中获得了广泛关注并取得了巨大进展。"经验法"也称数据驱动法，它通过支持向量机（SVM）等监督或无监督机器学习方法，对大量抓取目标物的形状参数和灵巧手抓取姿态参数进行学习训练，得到抓取规划模型并泛化到对新物体的操作在实际操作中，机器人利用学习到的抓取特征，由抓取规划模型分类或回归得到物体上合适的抓取部位与抓取姿态；然后，机械手通过视觉伺服等技术被引导到抓取点位置，完成目标物的抓取操作。

近年，深度学习在计算机视觉等方面取得了较大突破，深度卷积神经网络（CNN）被用于从图像中学习抓取特征且不依赖专家知识，可以最大限度地利用图像信息，使计算效率得到提高，满足了机器人抓取操作的实时性要求。

4. 机器人智能交互

人机交互的目的在于实现人与机器人之间的沟通，消融两者之间的交流界限，使人们可以通过语言、表情、动作或者一些可穿戴设备实现人与机器人自由地信息交流与理解。

在人机智能交互中，对人类运动行为的识别和长期预测称为意图理解。机器人通过对动态情境充分理解，完成动态态势感知，理解并预测协作任务，实现人—机器人互适应自主协作功能。在人机协作中，作为服务对象，人处于整个协作过程的中心地位，其意图决定了机器人的响应行为。除了语言之外，行为是人表达意阁的重要手段。因此，机器人需要对人的行为姿态进行理解和预测，继而理解人的意图。

行为识别是指检测和分类给定数据流的人类动作，并估计人体关节点的位置，通过识别和预测的迭代修正得到具有语义的长期运动行为预测，从而达到意图理解的目的，为人机交互与协作提供充分的信息。

早期，行为识别的研究对象是跑步、行走等简单行为，背景相对固定，行为识别的研究重点集中于设计表征人体运动的特征和描述符。随着技术特别是深度学习技术的快速发展，现阶段行为识别所研究的行为种类已近上千种。近年利用 Kinect 视觉深度传感器获取人体三维骨架信息的技术日渐成熟，根据三维骨骼点时空变化，利用长短时记忆的递归深度神经网络分类识别行为是解决该问题的有效方法之一。但是，目前在人机交互场景中，行为识别还主要是对整段输入数据进行处理，不能实时处理片段数据，能够直接应用于实时人机交互的算法还有待进一步研究。

当机器人意识到人需要它执行某一任务时，如接住水杯放到桌子上等，机器人将采取相应的动作完成任务需求。由于人与机器人交互中的安全问题的重要性，需要机器人实时地规划出无碰撞的机械臂运动轨迹。比较有代表性的方法如利用图搜索的快速随机树（RRT）算法、设置概率学碰撞模型的随机轨迹优化（STOMP）算法以及面向操作任务的动态运动基元表征等。近年，利用强化学习的"试错"训练来学习运动规划的方法也得到关注，强化学习方法在学习复杂操作技能方面具有优越性，在交互式机器人智能轨迹规划中具有良好的应用前景。

随着人工智能技术的迅猛发展，基于可穿戴设备的人机交互也正在逐渐改变着人类的生产生活，实现人机和谐统一将是未来的发展趋势。

当前，我国已经进入了机器人产业化加速发展阶段。无论在助老助残、医疗服务领域以及面向空间、深海、地下等危险作业环境，还是精密装配等高端制造领域，迫切需要提高机器人的工作环境感知和灵巧操作能力。随着云计算与物联网的发展，伴之而生的技术、理念和服务模式正在改变着我们的生活。作为全新的计算手段，也正在改变机器人的工作方式。机器人产业作为高新技术产业，应该充分利用云计算与物联网带来的变革，提高自身的智能与服务水平，从而增强我国在机器人行业领域的创新与发展。

在云计算、物联网环境下的机器人在开展认知学习的过程中必然面临大数据的机遇与挑战。大数据通过对海量数据的存取和统计、智能化地分析和推理，并经过机器的深度学习后，可以有效推动机器人认知技术的发展；而云计算让机器人可以在云端随时处理海量数据：可见，云计算和大数据为智能机器人的发展提供了基础和动力。

在云计算、物联网和大数据的大潮下，我们应该大力发展认知机器人技术认知机器人是一种具有类似人类的高层认知能力，并能适应复杂环境、完成复杂任务的新一代机器人基于认知的思想，一方面机器人能有效克服前述的多种缺点，智能水平进一步提高；另一方面使机器人也具有同人类一样的脑—手功能，将人类从琐碎和危险环境的劳作中解放出来，而这一直是人类追求的梦想。脑—手运动感知系统具有明确的功能映射关系，从神经、行为、计算等多种角度深刻理解大脑神经运动系统的认知功能，揭示脑与手动作行为的协同关系，理解人类脑—手运动控制的本质，是当前探索大脑奥秘且有望取得突破的一个重要窗口，这些突破将为理解脑—手感觉运动系统的信息感知、编码以及脑区协同实现脑—手灵巧控制提供支撑。

目前，国内基于认知机制的仿生手实验验证平台还很少，大多数仿生手的研究并未充分借鉴脑科学的研究成果。实际上，人手能够在动态不确定环境下完成各种高度复杂的灵巧操作任务正是基于人的脑—手系统对视、触、力等多模态信息的感知、交互、融合以及在此基础上形成的学习与记忆。由此，将人类脑—手的协同认知机制应用于仿生手研究是新一代高智能机器人发展的必然趋势。

二、多智能体系统

智能体技术主要起源于人工智能、软件工程、分布式系统以及经济学等学科。自 20 世纪 90 年代，智能体技术越来越受到学术界和产业界的重视。在人工智能领域，希望通过实现一种简单结构的软硬件来达到复杂的智能能力；而在软件工程领域，希望有新的程序设计模式或程序设计语言来突破面向对象的程序设计范式；在分布式系统或计算机网络中，希望将传统的集中式控制转为分布式控制，以实现每个通信节点或计算节点之间的自主通信；如果将以上思考推广到社会领域，那么可以直接将人当作一个理性的计算实体，对人类的各个智能行为加以分析：以上这些需求或者思考都促进了智能体技术的发展。

（一）智能体的基本认知

智能体在人类生活中无处不在。例如，电梯控制器就是一种智能体。当在一个写字楼里等候电梯时，如果是一个电梯群组，当我们按下电梯按钮时，电梯控制器将会响应我们的请求，安排某一部电梯前往我们呼叫的楼层。再如，红绿灯控制器也是一种智能体。如果我们将交通路口的红绿灯设计成一个智能的红绿灯，它就可以根据路口各个方向的车流量智能地设定红绿灯的时间：这些场景或者设想都是智能体的具体应用领域。

1. 智能体的性质

一个智能体应该具有代表自己或者其他实体的操作；能够感知外界环境；同时可以通过知识或者推理实现某种特定的目的：与此同时，很多定义非常强调智能体应该是一种嵌入在环境中的、持久化的计算实体。

（1）智能体的一般性质。智能体具有如下四种一般性质：

第一，自主性。在不受人和其他实体的指令或者干预下，一个智能体应该具备自主采取动作的能力。同时，某些结构的智能体还可以自主控制自身的内部状态。

第二，主动性。智能体不仅可以实现对外界的应激反应，还可以针对自己的目标采取主动行为。

第三，反应能力。智能体可以感知外界环境，并且及时对外界环境的变化做出动作响应。

第四，社会能力。智能体能够通过某种通信语言实现和其他智能体（甚至人）的交互。

在交通路口红绿灯的例子中，控制器根据等候的车辆多少决定红绿灯的时长，这就是智能体的自主性；而为了使某个方向的通行能力最大化，或者使车辆等候的时间最短，通过推理或计算来确定红绿灯的时长，这就是智能体的主动性；一旦路口出现异常情况，控制器对其做出即时的动作响应，这就是智能体的反应能力；而如果某个智能体把当前路口的信息和自己决定的时长传输给前一路口、后一路口的红绿灯控制器，则说明智能体具备了通信能力。

以上四种性质往往是一个智能体必备的性质，被称为智能体的一般性质。

（2）智能体的特定性质。在某些特定的应用或者技术中，研究人员还可以在这些一般性质上附加一些其他的特定性质（一个或者多个），我们通常称后者为强性质。

第一，移动性。强调智能体具备在网络上移动的能力。

第二，诚实性。在智能体之间相互通信时，强调智能体不会传输错误的信息。

第三，无私性。强调在多智能体系统中，智能体之间不会有相互冲突的目标。因此，当智能体收到其他智能体发来的请求时，总会尝试解决方案去满足这个请求。

第四，理性。可以分为无限理性或者有限理性。通常这里假定是有限理性，其含义是当智能体去实现自己的目标时具备一定的理性，分析这个目标是否能被实现。

在红绿灯例子中，不同控制器显然不可以传输错误的信息。同样，当一个路口控制器得到另一个路口的请求时，也会尽力去满足这个请求。所以，这个智能体还具有诚实性和无私性等特殊性质。

简单来说，智能体就是一个可以代表用户或者其他实体的"代理"，应该具备自主性、主动性、反应能力和社会能力等性质。在特定场景中，还可以让其附加移动性、理性等其他性质。事实上，在 IT 领域或者现实世界中，有很多可以被认为是智能体的软件/硬件。例如，一个问答机器人，一个后台服务程序，甚至一个传感器等。显然，当智能体被加上一些特定的强性质时，其对智能体技术和应用提出了新的挑战。

2．智能体的环境

智能体不可以完全控制环境，环境也不可以控制智能体。智能体和环境之间的关系是相互影响、相互依存的。环境具有确定性和非确定性两种划分之外，环境还可以依据以下特性进行区分：

（1）可访问和不可访问。如果智能体能精确感知外部环境状态，则环境为可访问的。否则，环境为不可访问或者部分可访问的。

（2）场景式和非场景式。想象一个智能体在下棋，我们把每一局棋看成是一个场景（或片段）。如果智能体在一个新局中的性能或学习过程和历史棋局没有关系，我们就把这种环境设置称之为场景式；否则称为非场景式。

（3）离散和连续。环境状态集合是有限、固定集合，则环境为离散环境；否则为连续环境。

不同的环境类型将极大地影响智能体设计。最复杂的一类环境是不可访问、非场景式、动态的连续环境。回到前面举的例子中，如果采用智能体技术来设计红绿灯控制器，那么让我们来分析一下其所处的环境。

如果在晴天情况下，路口等候的车辆数目是明确的，则该环境是可访问的；但如果是雾天或者大雨天，控制器将无法得到路上确定的车辆数目，则环境是不可访问的。显然在某个时间点（某个状态下），控制器采取了某个时长，但控制器并不能确定下一个时间点路口等候的车辆数。因此，环境是不确定的。

更进一步，在一天的不同时段或者一周的不同天（如休息日和工作日），前后时间点路口等候车辆数目都会发生显著变化，这说明环境是动态的。在前一天或者在历史上红绿灯控制器得到的策略，事实上对当前是有帮助的，因而说明环境是非场景式的。

如果我们只考虑环境中等待的车辆数，动作只考虑离散的秒数，那么该环境是一个离散环境。

3．智能体与其他软件实体的区别

很容易引起混淆的是智能体和软件设计中的对象。在面向对象程序设计中，一个对象是一个封装了状态的计算实体，能够执行定义在某个状态上的动作或方法，也可以通过消息传递的方式实现对象间的通信。尽管对象也可以被认为有"某种"自主性，但是与智能体显著不同的是，其他对象可以调用某个对象的公共方法；而在智能体技术中，其他智能体只能请求某个智能体执行某个动作。至于智能体收到请求后是否执行该动作，取决于被请求智能体自身的目标。但在实现上，我们可以采用面向对象技术实现智能体，这与智能体的定义并不矛盾。

智能体也和专家系统有着显著的不同。一方面，专家系统不需要嵌入在环境中，也不需要和环境执行交互；另一方面，专家系统不需要和其他的专家系统进行通信。

（二）智能体的结构

实现一个具体的智能体通常有五种方式，分别是基于逻辑演绎、基于反应、基于决策理论、基于信念—期望—意图逻辑和分层混合结构其中，基于反应式的包孕结构和基于BDI逻辑的智能体结构是最著名的结构。以下对这两个结构进行论述：

1. 智能体的包孕结构

一种非常有趣的智能体结构是包孕结构，亦被称为反应式结构，在这种结构设计中，科学家认为智能体的理性行为并不是由基于逻辑推理或者基于决策理论方法进行直接编码，而是在智能体与环境交互过程中涌现的。可以通过一个行星勘察移动机器人的例子来看如何实现包孕结构。

设计一个行星勘察机器人，它的任务是从行星上收集岩石样本。但我们仅仅知道行星上的岩石是聚集的，并不知道其确切位置。机器人需要通过在行星上行走发现岩石，然后取走部分岩石样本放回飞船上。机器人事先并没有关于行星的地图，同时行星上存在大量障碍，在行走时需要避开这些障碍物。

针对上面的例子，可以定义以下五个规则：

R1：如果检测到障碍物，则转向。

R2：如果拿到岩石样本，且机器人位于飞船上，则放下手中样本。

R3：如果拿到岩石样本，但机器人不在飞船上，则沿信号增强的梯度方向往回走。

R4：如果检测到岩石样本，则捡起岩石样本。

R5：如果机器人一切正常，则在行星上随机行走。

显然，这五条规则之间存在优先关系，R1优先于R2，R2优先于R3，依次类推。但当多个规则同时被激活时，下层规则的输出将抑制上层规则的输出。当不允许机器人之间直接通信时，我们还可以增强以上结构，实现间接的通信。如将 R3 改为：如果拿到岩石样本，但机器人不在飞船上，则丢下两个信标，同时沿信号增强的梯度方向往回走。

再增加一个 R6 规则：如果机器人感知到信标，则捡起一个信标，同时沿信号下降的梯度方向行走。这里 R6 规则优先级最低。

通过这种方法，实现了智能体之间的间接通信。同时，当某个智能体率先发现岩石后，则其他智能体可以根据其丢下的信标逐步开始向岩石聚集处靠拢，因此涌现了某种类似于蚂蚁找食物的智能行为。

2. 智能体的 BDI 结构

不同于数学的机械证明，人的推理是一种实证推理，其特点是人的知识是不断增长、变化的；同时人的目标会随着自己的知识增长、环境状态的变化而发生改变。下面以一个学生考试的例子来说明人的实证推理过程。

一个学生在刚入学时有这样的信念——努力学习就能通过考试；只要准时上课、完成作业、认真复习就是努力学习。学生在初始时也具有这样的意图——通过考试。因此，学生为了通过考试，就要执行一个目标—手段的推理过程，形成了一系列的期望，即期望自己可以努力学习、准时上课、完成作业和认真复习。

假设这个学生得到一个新的消息——考试作弊也能通过考试且考试作弊比认真学习容易很多。那么，学生首先会根据这个消息修正自己已有的信念，将这个信息补充进自己的信念中。同时，学生在目标意图（通过考试）不变的前提下，继续执行一个新的目标—手段的推理过程，形成了新的期望——通过考试和考试作弊。

再假设这位同学又得到新的消息——考试作弊被发现就不能通过考试；本门课程监考严格，考试作弊一定被抓。则学生在得到这个信息后，又会继续修正自己的信念。同时，在目标意图（通过考试）不变的前提下，继续执行一个更新的目标—手段的推理过程，形成了新的期望——通过考试、努力学习、准时上课、完成作业和认真复习。

分析以上的实证推理过程，可以发现三个关键要素：信念、期望和意图。

在智能体技术中，把这样的实证推理逻辑形式化为 BDI 逻辑，而把实现 BDI 逻辑的智能体结构称之为 BDI 结构。

（三）多智能体协商

田忌赛马是中国的一个典故，说的是田忌与齐王赛马的故事。齐王有三匹马，分别命名为上马、中马和下马。田忌也有三匹马，但每一类型的马的能力相比对应的齐王的马差。齐王和田忌分别比三场，那田忌赛马如何能赢的答案是显然的，那就是田忌用下马对齐王的上马、用中马对齐王的下马、用上马对齐王的中马。三局中输一局，赢两局。

但如果齐王出马的策略也是动态变化的，那么田忌就无法有针对性地选择自己的出马次序。如此思考，虽然这个典故失去了意义，但对于多智能体系统技术研究却非常有价值。

在多智能体系统中，如果每个智能体都是自利的（使自身获利最大），那么每个智能体的最优策略组合未必是多智能体系统的最优策略。这反映了多智能体系统中个体利益与集体利益相冲突的矛盾本质。多智能体系统不像集中控制系统那样，由一个集中式的控制器对每个智能体的策略进行控制。因此，在多智能体系统中需要为每个智能体设计一种机制，通过协商来获得个体或者系统的最佳策略。

1. 纳什均衡和帕里托优

下面以经济学和社会学中的因徒困境经典例子为例，来说明多智能体系统中的最优解。两个小偷被警察抓到，但是没有足够的证据，因此警察对他们分别审问。警察采用的政策是"坦白从宽，抗拒从严"。如果小偷甲交代了，而小偷乙没有交代，则小偷甲被释放，小偷乙从严处理被关 5 年；类似地，如果小偷乙交代了，而小偷甲没有交代，则小偷乙被释放，小偷甲从严处理被关 5 年；但如果两人都不交代，警察因为没有足够的证据，只能每人关 1 年；如果两人都交代了，警察不认可他们的自首情节，则每人关 3 年。

由此可以分析，如果小偷乙选择坦白的话，小偷甲选择坦白比抗拒要好，因为前者被关 3 年、后者被关 5 年；如果小偷乙选择抗拒的话，小偷甲选择坦白比选择抗拒要好，因为前者被关 0 年、后者被关 1 年。

小偷乙的思维和小偷甲类似，在使自己利益最大化的目的驱动下，小偷乙也会选择坦白。因此，当两人都选择（坦白，坦白）这个策略时，他们不会轻易地变更自己的策略。如果其中一个从坦白策略变换到抗拒策略，都会导致其利益受损。

因此，两个小偷的策略会进入一个稳定的策略上，我们通常把这个组合策略叫作纳什均衡。所谓纳什均衡，就是多智能体系统中一个智能体的策略依赖于其他智能体。但如果一个解是纳什均衡解，当且仅当每个智能体的策略相对于此时纳什均衡解中的其他智能体策略，则都是最优策略。

理论上，一个多智能体系统的支付矩阵有可能不存在纯策略的纳什均衡解，或者存在多个纯策略的纳什均衡解。

回到囚犯困境的例子上，有一个非常有意思的情况，事实上，在囚犯困境中存在着另一个策略组合，即两人都选择（抗拒，抗拒）策略，此时两个小偷的利益都比（坦白，坦白）这个策略大，我们称这个解为帕里托优解。所谓帕里托优解，是指如果一个解是多智能体系统中的帕里托优解，当且仅当不存在另一个解使每个智能体获利不小于原来的解，并且至少一个智能体获利超过原来的解。

显然，在囚犯困境例子上，不仅（抗拒，抗拒）是帕里托优解，（抗拒，坦白）和（坦白，抗拒）也是帕里托优解。

但在多智能体系统中，选择纳什均衡解还是选择帕里托优解取决于多智能体系统的具体应用场景。如果侧重从个体角度设计系统，则选择纳什均衡解；如果侧重从整体角度设计系统，则选择帕里托优解。

2. 投票

投票是一种常见的社会选择机制。为了选举某个人或者表决某件事情，人们设计了各种各样的投票机制。从多智能体系统角度，将每个投票人定义成一个独立的智能体，每个智能体有关于被选举人或表决事情的偏好，而且所有智能体关于此事的偏好并不相同。因此，我们需要设计一种投票机制，产生出一个较为合理的结果，这个输出结果对所有智能体应该是相对公平的。在多智能体系统研究中，需要研究哪一种投票机制是合理的；或者在何种场景下，应该设计哪一种投票机制。

实际应用中常见的投票机制有多数投票、二叉投票和计分投票等。

多数投票是指投票机制累计每个投票人/智能体关于被选举人的次数，累计次数最多者当选。例如，60%的投票人倾向于甲优于乙，40%的投票人倾向于乙优于甲，则多数投票机制输出甲当选。如果人为地加上一个候选人丙，这使前60%的投票人产生微小分裂。具体来说，目前的偏好是30%的投票人倾向于甲优于乙、乙优于丙；30%的投票人倾向于丙优于甲、甲优于乙；40%的投票人倾向于乙优于甲、甲优于丙。所以加入了新的候选人丙后，丙并没有机会当选，但是多数投票机制导致了乙当选。

仔细分析多数投票例子，会发现有60%的人认为乙不如甲，可是为什么乙会当选，为此，需要设计一种两两比较的机制，确保乙不能当选。这就是二叉投票。在二叉投票机制中，机制会随机地选择任意的两个被选举人进行比较（PK），胜者进入下一轮；再和另一个任意选择的选举人进行比较；直至只余下唯一的胜者当选。

再如一个新的案例：有四个候选人甲、乙、丙、丁，其中35%的人认为丙优于丁、丁优于乙、乙优于甲；33%的人认为甲优于丙、丙优于丁、丁优于乙；32%的人认为乙优于甲、甲优于丙、丙优于丁。下面给出两种二叉投票的议程。

第一种方案：乙和丁先PK，那么丁胜出；然后丁和甲PK，甲胜出；最后甲和丙PK，甲胜出。

第二种方案：甲和丙先PK，甲胜出；然后甲和丁PK，甲胜出；最后甲和乙PK，乙胜出。

这两个不同的二叉投票议程竟然得到了完全不同的当选结果。分析二叉投票的机制设计，这种投票机制只考虑了先后序，没考虑在序中的位置，才导致了不同的结果。因此，计分投票应运而生。在计分投票机制中，机制给予中的每一个候选者一个分值，并通过累计每个候选者的分值总和来确定最终当选者。在计分投票中，不同的分值导致不同的机制输出。即计分投票机制的结果依赖于序中分值的设计。

将多智能体技术应用于投票机制的设计是非常有意义的问题。除了上述设计的不同投票机制外，在技术应用中，研究者还会考虑在存在虚假投票等情况下如何保障机制的鲁棒性等问题。

3．拍卖

拍卖也是人类生活中常见的定价和交易行为。在拍卖中，存在着两类不同的智能体：一类是卖家智能体，其总是希望以最高的价格卖出商品，以获得最高的利润；另一类是买家智能体，其总是希望以最低的价格买到商品，以得到额外的商品价值，在人类生活中，有三种常见的拍卖机制。

（1）英格兰式拍卖，又称为首价公开拍卖。在此拍卖机制中，由卖家定出底价和竞价规则，然后由买家依次叫价。每轮叫价的出价必须依据竞价规则，超过之前一轮的出价，直到无买家叫价时拍卖结束。商品由出价最高的买家获得，其成交价即为最高的叫价。

（2）首价密封拍卖，即我们通常说的招投标。在此拍卖机制中，由卖家公布底价和投标规则，然后由买家投标。每位买家只能一次性交标书，同时相互之间投标信息是保密的。等待开标时，商品由出价最高的买家获得，其成交价即为最高的报价（当然在很多服务或工程项目中是以最低价成交，但这不是一般性）。

（3）荷兰式拍卖。在此拍卖机制中，由卖家首先报价。如果没有买家应价，则卖家按照报价规则开始降价，依次报出每一轮的报价。一旦有买家应价，则拍卖结束。商品由此次应价的买家获得，其成交价即为此轮的卖家报价。

显然，从智能体技术角度，人们关心买家采用何种策略报出自己的价格。在技术分析中，还需要考虑商品的真实价值、买方是否会转卖此商品获得额外利润、买方是否会串通以及多个商品的联合拍卖等问题。

（四）多智能体学习

在规划问题中，各个状态之间的转移关系以及转移概率是已知的，我们很容易通过数学手段直接计算出最优的动作序列。但在实际很多任务中，这样的转移关系和转移概率事先是未知的。显然，如果规划的概率转移事先无法得知，那我们就无法直接用规划技术求解，而需要采用学习技术。不同于统计机器学习技术，强化学习技术是和多智能体技术密切相关的，其原因在于强化学习机制也是通过试错进行采样来获得顺序决策过程的最优策略。

1．强化学习

以购买彩票为例，人们不知道彩票中奖号码的生成机制。如果知道的话，我们当然会选择获奖最大的那一组号码。但在不知道的情况下，只能随机产生一组数字（如家里的电话号码、男女朋友的生日等）。当彩票开奖时，我们会根据是否获奖来确定下一次买彩票的号码，这种动作选择的机制，我们称之为探索和利用的折中。

在人类的智能行为中，当环境给行为奖赏时，则我们在后来遇到同样状态时采用同一行为的概率就会增大；反之，当环境给行为惩罚时，则我们在后来遇到同样状态时采用同一行为的概率就会减小。这与巴普洛夫的条件反射实验是一致的我们把这种机制称为强化。

在很多任务中，环境给某个行为奖惩并不一定是由当前的某个行为导致的，往往有可能是因为历史上的某个行为导致的，我们把这种奖惩称为延迟反馈。当出现延迟反馈时，我们必须把历史上这个行为的执行概率降低。

如果状态转移关系和概率事先都是未知的，那此时我们只能采用试错的方式，从与环境的交互经验中（状态—动作—奖惩）学习状态转移概率模型以及任务的最优策略等，这样的学习方法称为强化学习。

强化学习算法构造思路如下：

第一步：根据先验得到初始认知（初始化值函数）。

第二步：根据认知选择动作（伴随一定的随机性）。

第三步：获得经验。

第四步：根据反馈，修改认知。

第五步：根据延迟的反馈，回退修改历史认知。

2. 多智能体强化学习

当同时存在多个智能体，就构成了一个多智能体系统。在阿尔法围棋（AlphaGo）等应用中，AlphaGo 在网上和人类棋手进行多次实战，并通过实战优化自己的棋艺，这是单智能体强化学习。而在无人机编队协同任务中，其需要多个无人机之间进行协调、学习，这就是多智能体强化学习。

在多智能体学习中，如果我们对每个智能体的学习算法不加以约束，则整个多智能体系统有可能陷入一个不稳定的状态中。就像寝室里的两位同学，棋力相当且每天根据自己的能力学习、改进棋艺，这样的话，这两位同学之间的胜负将变得非常不稳定。

为了更好地分析多智能体系统中的学习问题，先阐述三种类型的多智能体系统：第一种多智能体系统为合作型多智能体系统。在此系统中，多个智能体通过合作实现一个协作型任务，如无人机集群。显然在此系统中，每个智能体通过学习，尽可能快地使整个系统达到学习目标。第二种多智能体系统为竞争型多智能体系统。在此系统中，通常存在两个目标绝对相反的智能体，如下棋双方。显然在此系统中，每个智能体通过学习，尽最大可能击败对手。第三种多智能体系统为博弈型多智能体系统。在此系统中，每个智能体之间既存在竞争、又存在合作，如足球队的 11 名队员是一种典型的竞合关系。显然在此类系统中，每个智能体既要实现某种程度的协作，又要尽可能使自己获利最大。这三种类型的多智能体系统的学习技术也大相径庭。

（1）单智能体强化学习。如果将多智能体系统中的所有智能体合并成是一个超智能体，那么这个超智能体的动作集合就是所有智能体的动作集合的笛卡尔积。因此在这一前提下，多智能体强化学习就退化成单智能体强化学习。该学习技术实际上是一种集中式控制技术，与分布式的多智能体系统假设不符合。

（2）合作型任务的多智能体强化学习。不同于单智能体强化学习技术，在面向合作型任务的多智能体强化学习方案中，每个智能体都有自己独立的学习算法。当多个智能体同时采取行动时，环境将给出一个奖惩信号。将这个奖惩信号分配到各个智能体中就是多智能体强化学习技术需要解决的问题。最常见的一种做法是将这个奖惩信号均匀分配给所有智能体，但这种不见得合理的分配机制显然会影响整个系统的学习性能。

（3）面向竞争型任务的最佳反应强化学习。在处理竞争型任务时，我们需要设计智能体有针对性地击溃对手，因此最有效的方式是对对手的策略进行建模，针对已学习的对手策略进行反制。这种方式称为最佳反应强化学习。

（4）面向竞合型任务的博弈型强化学习。对于更广义的竞合型多智能体系统，我们将多智能体系统所处的各个状态建模为一个博弈，则一个状态序列可以建模为马尔可夫博弈过程。学习算法在每个状态试图去寻找一个纳什均衡解，然后根据执行这个解所获得的反馈来修改学习算法中的值函数。与面向合作型任务的多智能体强化学习技术不同的是，在面向竞合型任务的博弈型强化学习中，环境针对每个智能体给出单独的奖惩信号。

第四章　视觉图像处理关键技术

第一节　图像视觉原理及其获取技术

一、图像视觉原理

（一）人的视觉系统概述

人的视觉系统包含三个重要功能：成像、图像传输以及图像理解。人的视觉系统的组成部分包含三个：视网膜、光学系统以及视觉通路。

人是通过光的反射作用、传输作用将图像的色调组成、对比度、灰度、结构变化传输到视觉系统中，形成视觉感受。形成和传输图像的过程可以简述为：在光的刺激下，人眼视网膜接收器形成图像，然后把光能转化成电脉冲，电脉冲通过视觉神经传输至视觉神经的交叉处，然后传输到外侧的膝状体，最终输送到视觉皮层。

（二）人的视觉系统特性

1. 空间分辨能力

在观察物体的过程中，为了可以看清物体，眼球会不断运动，不断调整眼孔大小，自动将物体的影像投在中夹凹上。人眼的辨别能力还与对比度和背景亮度有关。随着背景亮度的降低，人眼分辨物体的能力也会降低。人眼的分辨能力还和被观察物体的颜色以及移动速度有关，如果被观察物体的运动速度变快，人眼的辨别能力也会下降。人眼分辨彩色的能力比分辨黑白颜色的能力差。

2. 错觉现象

人眼视觉系统在辨别物体形状的过程中，不是简单地将物体的原本形状投影在视网膜上，通常情况下，人眼视觉系统的感知能力会受到被观察物体的背景环境以及形状变化的影响。这种影响多种多样，可能是心理作用，也可能是神经系统的错视效果等。并且，产生这种错觉属于正常现象。

3. 混色特性

（1）人眼空间混色特性。在同一时刻，当空间有三种不同颜色的点，他们的位置靠得足够近，以致他们相对人眼所张的视角小于人眼的极限分辨角时，人眼就不能分辨出他们各自的颜色，而只能感觉他们的混合色。人眼的这种空间混色特性是制造彩色电视的基础。

（2）人眼的时间混色特征。相同空间内，如果人眼的视觉惰性大于不同颜色的变换时间，人眼很难分辨不同的颜色，只会觉得他们是混合颜色。

（3）人眼的生理混色特征。如果两只眼睛在同一时间内观察同一景象中的两种不同颜色时，也会产生混色的效果，就是由人眼的生理特性形成的混色效果。

二、图像获取技术

（一）图像采集系统

图像的采集系统包括五个重要组成部分：同步系统、扫描系统、照明系统、A/D 转换系统以及光 / 电转换系统。同步系统为了实现系统部件的同步动作，为整个图像采集系统提供同步时钟信号。扫描系统属于图像采集系统中的固定部分，它可以采用离散化的采样图像空间坐标扫描整个图像，从中获取每个采样点的光照强度，扫描系统的工作主要由机械手段、电子光束以及集成电路完成。照明系统可以提供充足的光照亮度和光照信号给光 / 电转换系统，并将光源照射在被采集对象上。A/D 转换系统与光 / 电转换系统是相互依存的关系，光 / 电转换系统会将被采集对象的光信号转换成电信号，并将电信号放大，便于匹配 A/D 转换系统。当光 / 电转换系统把电信号转入 A/D 转换系统时，会先采样 / 保持，当信号转换之后，变成数字信号输出，便于信号的显示、储存、传输等。

（二）图像输入设备

1. 图像采集卡

"图像采集卡可为音频信息、视频信息等提供数字化传输平台，其系统内部的分化处理模式能有效提升数据信息的处理效率。"[1] 通常情况下，图像采集卡装在计算机的主板拓展槽中，图像采集卡主要包含：监视器接口（D/A）、图像存储器单元 CCD 摄像头接口（A/D）等零部件。它的工作流程是：摄像头采集数据，通过 CCD 摄像头接口变换之后把图像储存在图像存储单元通道中，再由 D/A 变换电路把图像投射到监视器上，当主机发出指令时，截取静止时的某一帧图像，再处理和存盘图像。如果是高档的图像采集卡，还会增加快速处理图像的卷积滤波和 FFT（快速傅里叶变换）等专用部件。目前，图像采集卡还将图形功能和图像功能融为一体，通过计算机屏幕就可以实时展现彩色的图像。

2. 扫描仪

扫描仪的作用是将平板画、幻灯片和照片数字化。扫描图像之前，一定要知道图像大小，然后计算出正确的分辨率，因为图像文件的大小和图像分辨率有直接关系。扫描的过程中，如果使用太高的分辨率，最终形成的图片文件很可能会超出计算机内存。在现实生活中，应用比较广泛的扫描仪是幻灯片扫描仪、平板扫描仪以及旋转鼓形扫描仪。

3. 数码照相机

数码照相机又可被称为数字照相机，开发于 20 世纪末，是一种新型照相机。它的优势在于拍摄图像和处理图像。随着计算机的不断普及，人们对计算机图像处理技术也越来越认同，因此，在视觉检测中，数码照相机得到了广泛应用。

数码照相机的零部件包括：感光传感器（CCD 或 CMOS）、光学镜头、图像处理器（DSP）、图像存储器（Memory）等。数码照相机的工作原理是：光电传感器感应到的图像通过物体的反射光转换成数码信号，再被压缩，储存在图像存储器（Memory）中。

（三）数字图像获取

常见的各类图像一般都是由"照射源"和形成图像的"场景元素"结合所产生的。其中照射源所发射出的能量形式并不限于可见光，实际上，现在常见的可以产生图像的能量源不但包括了几乎整个电磁波谱，而且还包括了声波、

---

① 王义轩. 基于图像采集卡的图像显示与处理软件开发研究 [J]. 信息与电脑（理论版），2019，31（21）：99–100+103.

超声波等其他非传统光源。而场景元素对照射源所释放的能量既可能产生反射，也可能进行吸收。一般使用数码相机对外界光照下的场景进行拍摄就是对场景元素所反射的能量进行成像的典型例子，而 X 射线成像则是对场景元素的透射成像的典型例子。

1. 照明

在基于机器视觉的检测应用中，照明的目的是突出被测对象的重要特征，而抑制其他无用特征。要达到这个目的，就需要考虑光源和被测对象间的相互作用，其中的一个重要部分便是光源和被测对象的光谱组成。通过使用单色光照射彩色物体，便能增强被测对象相应特征的对比度。

（1）电磁辐射。光是一定波长范围内的电磁辐射。人眼可见的光称为可见光，波长范围为 380 ～ 780nm。比可见光波长更短的光称为紫外光（UV），再短的电磁辐射为 X 射线和伽马射线；比可见光波长更长的光称为红外线（IR），再长的电磁辐射为微波和无线电波。

单色光可以其波长 A 来表征。当光由多个波长组成时，则通常与黑体辐射光谱加以比较来表征。黑体可以吸收所有落在其表面的电磁辐射，因而可以视为理想的纯热辐射源，因此黑体的光谱与其温度直接相关，光谱辐射符合普朗克定律。

（2）光源类型。

第一，白炽灯。白炽灯通过在细的灯丝中流过电流，使灯丝发热而产生热辐射发光。白炽灯的灯丝一般由钨制成。灯丝的温度很高，其辐射在可见光范围内。灯丝被置于真空或充满卤素气体（如碘或溴）的密闭玻璃灯泡内，以防止灯丝氧化。相比于真空，卤素气体可使灯泡寿命大为延长。白炽灯的优点是相对较亮，可以产生色温为 3000 ～ 3400K 的连续光谱，且可以工作在低电压；其缺点是发热严重，能量转换效率低，仅有约5%的能量被转化为光能，且寿命短，老化快，随着时间的推移，其亮度迅速下降，也不能用作闪光灯。此外，由于我国政策的调整，白炽灯将被逐步淘汰，而大功率白炽灯的进口和销售已经被禁止，因此在未来的机器视觉应用中，白炽灯将难以作为一个选项加以考虑了。

第二，氙灯。氙灯是在密闭的玻璃灯泡中充满氙气，氙气电离产生色温在 5500 ～ 12000K 的非常明亮的白光。氙灯通常分为连续发光的短弧灯、长弧灯和闪光灯。氙灯可制成每秒闪光 200 余次的非常亮的闪光灯。对于短弧灯，每次点亮的时间可以短至 1 ~ 20μs。氙灯的缺点在于供电复杂昂贵，且在数百万次闪光后会出现老化。

第三，荧光灯。荧光灯也是一类气体放电光源，通过电流激发在氩、氖等稀有气体氛围中的水银蒸汽来产生紫外辐射。紫外光使得封装稀有气体的管壁上的磷盐涂层发出荧光，产生可见光。不同的涂层可以产生色温为 3000 ~ 6000K 的可见光。荧光灯由交流电供电，因此会产生与供电频率相同的闪烁。在机器视觉应用中，为了避免图像因光源亮度的波动而产生明暗变化，需要使用不低于 22kHz 的供电频率。荧光灯的优点是价格便宜、照明面积大；缺点是寿命短，老化快，光谱分布不均匀，在某些波长下有尖峰，而且不能作为闪光灯使用。

第四，发光二极管。发光二极管（LED）是一种通过电致发光的半导体，能产生类似于单色光的、光谱范围非常窄的光。LED 的发光亮度与所通过的电流有关，而发光颜色则取决于所用的半导体材料，可以制成红外、可见光以及近紫外的 LED，也可以制成白光 LED。LED 光源的优点是寿命长，一般能超过 100000h；LED 可作为闪光灯，响应速度很快，几乎没有老化现象；采用直流供电，亮度非常容易控制；光源功耗小，发热小。主要缺点是 LED 的性能与环境温度有关，环境温度越高，LED 的性能越差，寿命越短。LED 是目前机器视觉中使用最多的一种光源。

（3）光与被测对象间的相互作用。光的反射发生在不同介质的分界面上。被测对象表面的粗糙程度等细微结构决定了发生漫反射和发生镜面反射的光线的各自比例。漫反射在各个方向上所散射的光线基本是均匀的；镜面反射则满足入射光与反射光在同一平面内，且他们与反射面法线之间的夹角相等，因此被测对象的形状等宏观结构决定了镜面反射的方向。不过在实际中，镜面反射几乎不可能是理想的，而是在一定的角度范围内产生较强的波瓣形反射，波瓣的宽度由物体表面的细微结构所决定。

物体表面反射光的多少由双向反射率分布函数（BRDF）表示，它是光线入射方向、观察方向和波长的函数。在这两个方向上对 BRDF 进行积分，便能得到表面的反射率，它仅与波长有关。

光线通过物体时便产生透射。光的传播方向在不同介质的分界面处会发生改变，产生折射。物体的内部和表面结构决定了透射为漫透射或定向透射。透过物体光线的比例称为透射率，它也取决于光线的波长。

除反射和透射外的其他入射光线均被对象所吸收并转化为热。通常黑色的物体能吸收大量的光。

除镜面反射外，上述各量均取决于投射到物体上的光的波长，即颜色。不透明物体所特有的颜色由与波长相关的漫反射及吸收所决定，而透明物体的颜色则是由与波长相关的透射所决定。

实际情况要比上述简单模型远为复杂，如有的物体可能由若干层不同材料制成，表层对于一定波长的光透明，而反射其他波长的光，而下一层又可能反射部分由上一层透过的光。因此，为实际对象寻找一个合适的光源，常常需要通过大量实验才能完成。

（4）利用照明的光谱。彩色物体除了反射一部分光谱外，会将其他部分吸收。利用这一特点，可以对希望的颜色特征加以增强，比如使用合适的照明光源，使其波长范围内的光线正好为我们希望观察到的对象所反射，而被我们所不希望观察到的对象所吸收。例如，如果我们希望观察的是在绿色背景中的红色对象，那么使用红光照明，将使得对象更为明亮，而背景更为黯淡。通过对白光加滤镜也可以得到类似的效果，但这样将使得光源的发光效率大为降低，因此通常直接使用彩色照明。

不过滤镜在机器视觉中也有许多用途。CCD 和 CMOS 传感器对于红外敏感，因此，为了避免图像显得过于明亮，以及因红外造成的图像颜色的改变，常常需要红外截止滤光片来进行滤光，滤除红外部分。反之，如果被测对象是使用红外照明的，那么使用红外透过滤光片便能抑制可见光部分，从而更好地突出被测对象本身。

另一种十分有用的滤光片是偏振片。光线在金属和绝缘体表面反射时会产生部分偏振，在摄像机前加上偏振滤镜并调整其方向，就可以抑制由于这种反射所形成的高光。由于非偏振光经反射后仅为部分偏振，因此更好的抑制方法是在照明的光源前加上偏振滤光片（称为起偏镜），使得照射光成为偏振光，然后再通过摄像机前的滤光片（称为检偏镜）滤光，从而获得更好的抑制效果。

（5）利用照明的方向性。除了利用照明的光谱，照明的方向性也可以用于增强对象的有用特征。

光源的照射可以是漫射或直接照射的。漫射时，各个方向上的光强度几乎一样。直接照射时，光源发出的光集中在非常窄的空间范围内。在特定的情况下，光源仅发出单向平行光，称为平行光照明。

光源与摄像机和被测对象的相对位置也非常重要。若光源和摄像机位于被测对象的同一侧，则称为正面光或入射光；若光源和摄像机分别位于被测对象的两侧，则此时的光称为背光，特别当被测对象为透明物体时称为透射光。如果光源与被测对象的相对位置使得绝大部分的光都被反射到摄像机，则称之为明场照明；如果光源位置使得大部分的光都没有被反射到摄像机，而仅将照射到被测对象特定部分的光反射到摄像机，则称之为暗场照明。

划分标准基本上相互独立，并可以通过不同方式加以组合。常见组合如下：

第一，正面明场漫射照明。在 LED 平板或环形灯前加上漫射板的方式易于构造，但除非 LED 平板或环形灯远大于被测对象，否则很难得到均匀光照，而且在摄像机的轴向上没有光照；同轴漫射光通常是通过半透半反镜将光反射到被测对象上，而摄像机也通过同一面镜子来采集图像。这种方法得到的光照较为均匀，但半透半反镜可能产生鬼像；半球形照明可以得到非常均匀的光照，它可以通过在半球形照明光源前加上漫射板或在漫反射板球中安装 LED 环形灯来得到。同 LED 平板或环形灯一样，半球形照明的缺点是摄像机正对着的方向上没有光照。

正面明场漫射照明常用于防止产生阴影，并减少或防止镜面反射。它也可以用于透过被测物体的透明包装。

第二，正面直接明场照明。正面直接明场照明的方式有两种：一种是使用倾斜的环形光，常用于使感兴趣区域或孔洞部分产生阴影，其缺点在于光照分布不均；另一种方法则是使用同轴平行光，常用于采集会产生镜面反射的物体的图像，其原理是使得平行于像平面的被测对象表面所反射的光进入摄像机，而物体的其他表面所反射的光将落在远离摄像机的其他方向。此时摄像机需使用远心镜头，并且必须准确调整被测对象的位置，以确保所需要的光线被反射到摄像机，如果不能做到这一点，将可能拍摄到全黑的图像。

第三，背光直接明场照明。为了解决背光漫射明场照明中摄像机一侧的被测对象部分被照亮的问题，可以使用平行照明构造的背光直接明场照明。

对于透视镜头，由于照明光源是平行光，光线在图像中呈一个小点，因此，平行背光照明需要与远心镜头配合应用，且需要仔细调整光源与镜头的相对位置。这种照明方式通常会产生非常锐利的被测对象轮廓，此外，使用远心镜头也避免了严重的透射变形，因此这种照明常用于测量应用。

2. 镜头

镜头是一种光学设备，用于汇聚光线以在摄像机内部成像，对数字图像而言，则是在摄像机内部的数字图像传感器上成像。镜头的作用是产生锐利的图像，能够给出被测对象的有用细节。

（1）针孔摄像机。如果忽略光的波动性质，则可以将光视为在同类介质中直线传播的光线。针孔摄像机，针孔相当于投影中心，针孔摄像机所成的像为物体的倒像。

（2）高斯光学。针孔摄像机模型是一种有用的简单模型，但是由于针孔很小，只有极少量光线能通过小孔到达像平面，因此真正的摄像机需要使用镜头来收集光线。镜头通常由一定形状的玻璃或塑料制成，其形状决定了镜头对光线是发散或是会聚。

在高斯光学中，同心光束经过球面透镜所构成的镜头后又会聚到一点。这是一种理想化的光学系统，而所有与高斯光学之间的偏离都称为像差。光学系统设计的目标就是使得镜头结构在满足高斯光学的基础上，能够具有足够大的入射角，以满足实际应用需要。

（3）远心镜头。物体距离镜头越近，所成的像就越大。因此，与像平面不平行的被测对象所成的像将会发生变形。但是，在许多测量应用中，希望成像系统能够产生平行投影，以消除透视变形。

理论上来说，可以在镜头系统像侧焦点，处安装无限小的针孔孔径光阑来实现平行投影。根据厚透镜成像定律可知，这个孔径光阑仅通过物侧平行于光轴的光线。因此，镜头至少要与被测对象一样大。

因为入瞳是孔径光阑由其之前的光学系统在物侧所成的虚像，而现在的孔径光阑位于像侧焦点圹处，因此可知入瞳位于物侧无穷远处，其大小为无穷大。

由于入瞳的中心扮演了投射中心的角色，因此现在的投射中心处于非常远的地方，故而称此种平行投射方式为远心投射，而镜头系统则称为物侧远心镜头。

另外还有一种远心镜头，它在物侧远心镜头的孔径光阑之后再加上第二个镜头，使得第一个镜头的像侧焦点与第二个镜头的物侧焦点重合。根据厚透镜成像定律可知，第二个镜头的像侧主光线也将平行于光轴，此时出瞳也被移到了无穷远处，因此此种镜头称为双远心镜头。

（4）像差。之前的讨论均假设高斯光学中的同心光束经过镜头后将会聚于一点。实际中，这种理想情况不会发生，而实际情况与理想情况之间的差别便称为像差。

第一，球差。产生球差的原因在于远离光轴的光线和近轴光线并不交于同一点，因为在球面镜头边缘，折射将会更大。此时，无论像平面位于何处，都会出现弥散圆，而在实际中只能设法使这个弥散圆尽可能地小。减小球差的一个方法就是使用较大的 f 数，利用较小的通光光圈来阻止远离光轴的光线通过镜头。但是，不可能无限制地使用很大的 f 数。另一种方法则是使用非球面透镜来代替球面透镜，此时的镜头称为非球面镜头。

第二，彗差。与光轴成一定角度的光束通过镜头后不会会聚于一点，此时的弥散斑并非圆形，而是类似于彗星的形状。不同于球差，彗差是非对称的，严重的彗差将使得边缘提取之类的工作得到错误的结果。使用大的 f 数可以减小彗差。

第三，像散。由轴外物点和光轴可以定义一个平面，称为子午面，而过光轴且与子午面垂直的平面称为弧矢面。轴外物点所发出的子午面中的光线和弧矢面中的光线经过镜头后并不会交于一点，而是会聚焦为两条短线，分别垂直于子午面和弧矢面。因此这种像差称为像散，而这两条短线分别称为子午焦线和弧矢焦线，介于两者之间的某个位置处，可以得到最小的弥散圆斑。使用大的 f 数或仔细设计镜头可以减小像散。

第四，场曲。场曲与像散关系密切。子午像与弧矢像不一定处于同一平面中。实际上，子午像和弧矢像所在的面（分别称为子午焦面 FT 和弧矢焦面 Fs）甚至不是平面，由此造成的像差称为场曲。场曲导致无法对整个图像完全聚焦，使得图像中的某些部分清晰而其余部分则发生散焦。同样可以通过使用大的 f 数或仔细设计镜头来减小场曲。

第五，畸变。镜头像差还会造成图像变形，即不经过光轴的直线所成的像不再是一条直线。如果镜头的各个光学元件的中心线不在同一条直线上，则会产生偏心畸变。

第六，色差。以上的像差都是单色光像差。如果使用白光等多波长光照明，则还会产生色差，它是由于不同波长的光不能会聚于一点而造成。如果是使用彩色摄像机，则色差将在物体边缘处产生彩条；而对于黑白摄像机，色差将导致边缘模糊。色差可以通过使用大的 f 数来减小；也可以设计镜头使得两种不同波长的光线会聚于一点，这种镜头称为消色差镜头；甚至可以设计镜头使得三种不同波长的光线会聚于一点，这种镜头称为复消色差镜头。但其他波长的光线仍然会导致剩余色差。

3. 图像传感器

由照射源发出的能量在与场景元素相互作用后，需要经过成像系统而到达对该类型能量敏感的传感器之上，从而转换为电能，并经 A/D 转换后成为计算机可以处理的数字图像。对于我们所主要考虑的光学成像系统而言，产生数字图像的核心部件便是图像传感器。目前最为常见的图像传感器有 CCD 传感器与 CMOS 传感器这两种类型。

（1）CCD 图像传感器。CCD 图像传感器就是用于摄像的、对光敏感的电荷耦合器件，其功能是将二维光学信号转换为一维视频输出时间信号。

CCD 是一种以电荷为信号载体的器件，其基本功能是电荷的储存和转移，基本工作过程是信号电荷的产生、储存、转移和检测。

CCD 的基本构成单元是金属 – 氧化物 – 半导体（MOS）结构。当栅极上未施加电压 Uc 时，P 型半导体中的空穴（P 型半导体的多数载流子）呈均匀分布。当在栅极上施加一个不超过 P 型半导体阈值电压的正电压时，P 型半导体中的空穴将开始被排斥，并在半导体中产生耗尽区。

当作为光敏面的 P 型半导体受到经光学系统聚焦的光线照射时，便会由于光电效应而产生感应电荷，这一信号电荷为电子，且某处所产生的信号电荷的量与该处受到的光通量呈线性关系。此时，栅极附近的正表面势 Fs 对于电子而言是势能最低点，形成了电子的"势阱"，因此感应产生的信号电荷将被加有正栅极电压 Uc 的栅极吸引并停留在半导体与氧化物绝缘体的界面上，形成半导体表面的反型层。从势阱的角度来看，可以认为信号电荷被束缚储存于势阱之中。

假如有多个 MOS 单元并排排列，则当相邻的 MOS 单元之间足够接近时，当两者的栅极上同时被施加上电压时，两个栅极下的势阱将会合并为一，而原来势阱中储存的信号电荷也会在新的势阱中重新分布，并为两个 MOS 单元所共有，这便是信号电荷的"耦合"。利用电荷耦合，可以使信号电荷发生转移。通过将按照一定规律变化的电压加在 CCD 的各个电极上，便能控制电极下的电荷包沿半导体表面按一定方向移动。某个 MOS 单元下的信号电荷经定向移动依次移出最后一个 MOS 单元时，便经过一个放大电路而转换成为该 MOS 单元所对应像素的电压信号。而当整行的信号电荷包均依次被放大输出后，便得到了对应于一行像素的电压时间信号。

CCD 图像传感器一般可分为线阵式和面阵式两大类。面阵 CCD 图像传感器可直接将二维图像转换为视频输出；线阵 CCD 图像传感器可以将接收到的一维光信号转换为时序的电信号输出，获得一维图像信号。而要使用线阵 CCD 图像传感器获得二维图像信号，则需要辅助机械位移机构加以配合，使之相对于二维图像作扫描运动。

（2）CMOS 图像传感器。CMOS 图像传感器主要组成部分是像敏单元阵列和 MOS 场效应管（MOSFET）集成电路。像敏单元阵列实际上是一个光电二极管阵列，也有线阵与面阵之分。

像敏单元阵列按 X 和 Y 方向排成方阵，其中每个像敏单元都有 X 与 Y 方向上的地址，并可分别由两个方向的地址译码器进行选择；每一列像敏单元对应于一个列放大器，列放大器的输出信号分别接到由 X 方向地址译码控制器进行选择的多路模拟开关，进而输出到输出放大器；输出放大器的输出信号送 A/D 转换器进行 A/D 转换，经预处理电路处理后，送接口电路输出。时序信号发生器为整个 CMOS 图像传感器提供各种工作脉冲，并可受控于如电路发来的同步控制信号。

在 Y 方向地址译码器（可采用移位寄存器）的控制下，每行像敏单元上的模拟开关被依次接通，信号通过行开关传送到列线上，再通过 X 方向地址译码器（同样也可采用移位寄存器）的控制，传送到放大器。由于设置了行开关与列开关，且他们的选通是由两个方向的地址译码器上所加的脉冲来控制的，因此，可以采用 X、Y 两个方向上以移位寄存器的形式工作，实现逐行或隔行扫描的输出方式。也可以只选择输出某一行或某一列的信号，以类似于线阵 CCD 的方式工作，还可以只选中所希望的某些点的信号。

由于 CMOS 图像传感器大量使用 MOSFET 来完成信号通路的开关以及信号的放大等功能，因此像敏单元阵列和相关的放大电路可以制作在同一块硅片上。此外，在一块 CMOS 图像传感器芯片中，还可以设置其他数字处理电路，如自动曝光处理、非均匀性补偿、白平衡处理、λ 校正、黑电平控制等，甚至可以与具有运算和可编程功能的 DSP 器件制作在一起，形成具有多种功能的器件。

（3）传感器的性能。在机器视觉中，我们最为重视的传感器性能基本都与噪声有关。

在摄像机曝光期间，传感器的每个像敏单元接受数量与光通量相关联的光子的轰击，并产生相应数量的信号电荷或相应大小的信号电压，并经放大和 A/D 转换后成为数字化的灰度值。由于多种噪声的存在，该灰度值将与真正的灰度值之间有所出入。

首先，光子并非按等时间间隔到达，而是以服从泊松分布的方式随机到达。这种光子随时间的不一致性称为光子噪声。在曝光期间，每个光子以概率 η 产生电子，η 称为总的量子效率。因此，产生的电子数也服从泊松分布。

其次，在从像敏单元中读出电荷时，电路中的多种因素也会造成读出电压的随机波动。复位噪声是由于读出时信号电荷不能完全释放所造成；暗噪声是由于热所激发的电子 - 空穴对所造成，当曝光时间长时尤为突出；放大器会产生放大噪声。这些噪声合称为本底噪声或暗噪声，一般可以用高斯分布来描述。最后，在 A/D 转换过程中会引入量化噪声，它也可归入暗噪声。

上述噪声为随机噪声，通过长时间的平均可以加以抑制。但此外在生产过程中，还有两个因素会造成灰度变化，这些灰度变化呈现出系统误差的特点，不能通过长时间平均而去除。由于他们在空间上的分布看似噪声，因此称为空间噪声或模式噪声。第一个因素是各个像素的暗电流不完全一样，称为偏置噪声、固定模式噪声或暗信号不一致性（DSNU）；第二个因素是各个像素对于光线的响应并非完全一致，称为增益噪声或光子响应不一致性（PRNU）。CMOS 传感器由于每个像素都自带放大器，因此每个像素的增益和偏移量均有所不同，故而通常具有较大的空间噪声。

传感器的噪声是以上噪声的总和，而传感器关于噪声的性能指标主要是其信噪比 SNR。一般而言，CCD 图像传感器具有比 CMOS 图像传感器更好的 SNR 指标。

4. 数字成像

（1）图像的采样与量化。经过成像系统所成的场景的像在空间和幅度上均为连续的。为了产生计算机可以处理的数字图像，需要在空间和幅度上都进行离散化处理，其中对于空间坐标的离散化称为采样，而对于幅度的离散化称为量化。

对于面阵型的图像传感器而言，采样是通过传感器在二维成像面的两个方向上的像素单元分布来实现的。对于线阵型图像传感器而言，平行于传感器方向上的采样由传感器的像素单元分布所决定，而机械扫描运动方向上的采样则由机械运动控制的精度所决定。对于 CCD 图像传感器和 CMOS 图像传感器而言，各个像素值的量化均由 A/D 转换完成。

（2）数字图像的分辨率。数字图像的一个重要参数就是图像的分辨率，包括空间分辨率与灰度级分辨率。采样率是决定图像空间分辨率的主要参数。空间分辨率是指在图像中可辨别的场景的最小细节。使用较为广泛的空间分辨率以单位距离内可分辨的最大线对数量表示，即在给定的成像条件下，对一幅画着黑白相间条纹的图进行拍摄，如果在拍得的数字图像中，这些黑白相间的线条仍然能够分辨，则表示图像的分辨率至少能达到对应的线对数量，如每厘米50 线对等。

灰度级分辨率则是指灰度级别中可分辨的最小灰度变化。不过，可分辨灰度变化的测量是一个高度主观的过程。

如果没有必要考虑数字图像分辨率所对应的实际物理分辨率时，一般就把大小为 M×N、灰度级数量为 L 的数字图像称为空间分辨率为 M×N 像素、灰度级分辨率为 L 级的数字图像。

图像的分辨率对于图像的质量有着重要影响。如果图像的空间分辨率过粗，则图像中某些感兴趣的细节将会丢失；而如果灰度级分辨率过粗，则一方面某些在原始灰度值上可区分的不同对象将在粗的灰度级分辨率下被混为一体，另一方面也会导致图像中的平滑灰度区域内的灰度变化被粗的灰度级分辨率所增强，形成所谓的伪轮廓。

5. 颜色

在图像处理中，颜色的使用受到了两方面因素的促进：首先，颜色是一个十分有用的特征，常常可以简化在场景中提取目标物以及不同目标物的区分；其次，人眼可以分辨数千种颜色色调和亮度，却只能辨别数十个灰度层次，当图像处理的最终目的是由人来进行观察时，这一点便显得尤为重要。

人眼对光线的感知是由分布在视网膜上的锥状体和杆状体来完成的，其中锥状体主要集中于视网膜中间称为中央凹的部分，能够提供光亮环境下的清晰视觉与彩色视觉；杆状体则分布在视网膜上除中央凹和盲点之外的其他部分，其感知分辨率低，没有彩色感觉，但在低照明度下较为敏感，提供了暗视觉。

人眼中的锥状体可分为3个主要的感觉类别，分别对红光、绿光和蓝光敏感，其中对红光敏感的锥状体比例约为65%，对绿光敏感的比例为33%，而对蓝光敏感的比例仅为2%。由于人眼的这一特性，我们所观察到的彩色实际上是所谓的原色——红色（R）、绿色（G）和蓝色（B）——的不同组合。

原色相加可以产生二次色，如红加蓝可以产生品红色，绿加蓝产生青色，红加绿产生黄色。如果按正确的亮度将三原色或者某个二次色与其补色相混合，便能产生白色。

上述原色又称为光原色。此外，还有所谓的颜料原色，它定义为白光减去或吸收掉某种原色后反射或透过的另两种原色的叠加。因此，三种颜料原色分别为品红、青和黄，而二次色为红、绿、蓝。光原色和颜料原色的组合。

通常用来区分颜色的特性是亮度、色调和色饱和度。亮度是色彩明亮度的概念，是一个主观描述，实际上不能度量；色调是光波混合中与主波长有关的属性，它表示了观察者所感知到的主要颜色，例如当我们说某个物体是红色、橙色或绿色时，实际上就是指其色调；色饱和度反映了在纯谱色中加入的白光的量，加入白光实际上使纯谱色被"冲淡"，例如粉红色是纯红色中加入白色，而淡紫色是纯紫色中加入白色。加入的白光的量越大，色饱和度越低。色调与饱和度一道称为彩色，因此，颜色由亮度和彩色所表示。

色度图对于彩色的混合十分有用，因为在色度图中，连接任意两点的直线段上的所有不同颜色，便是这两点所对应颜色按不同比例混合叠加所能得到的颜色。同样的思路还可以直接扩展到三种颜色的混合，只要将这三种颜色对应的点作为顶点构成一个三角形，则三角形内所覆盖的颜色便是这三种颜色按不同比例混合所能产生的颜色。由色度图的形状可以看出，以任意确定颜色作为顶点的颜色三角形不可能覆盖整个马蹄形（或称舌形）的可见颜色范围。

第二节　视觉图像对象处理与特征提取技术

一、视觉图像对象处理

（一）数学形态学图像对象处理

数学形态学是一种主要用于获取对象拓扑和结构信息的数学工具，其理论基础是集合论。数学形态学可以用于从图像中提取对于表达和描绘区域形状有用的信息，它为大量的图像处理问题提供了一种一致的方法。"现阶段，采用数字图像处理软件进行图像处理已经得到了较为广泛的应用"[①]。

在图像处理中，数学形态学所操作的集合表示图像中的不同对象。例如在二值图像中，所有对象像素（黑色像素或白色像素，依赖于特定的定义）的坐标，构成的集合便是数学形态学处理的客体，即对于二值图像的数学形态学而言，它所操作的集合的元素取值于 Z^2；如果是处理灰度级图像，则数学形态学操作的集合元素取值于 Z^3，其中前两个分量为对象像素的坐标，而第三个分量为对象像素的灰度值；依此类推，采用更高维度空间中的点作为集合元素，可以包含更多的图像属性，例如颜色和随时间变化的分量等。

数学形态学图像处理的基本思想是利用具有特定形态的结构元素对图像进行"探测"。结构元素可直接携带方向、大小等先验知识。这些先验知识可有助于更好地获取图像中的有用信息。例如在图像增强中，基于数学形态学的形

[①]　吴自伟. 基于对象的数字图像处理软件设计 [J]. 无线互联科技，2022，19（01）：40-41.

状滤波器可借助于先验的几何特征信息，在有效去除噪声的同时保留图像中感兴趣的信息。此外，形态学算法适于并行操作，容易在硬件上实现。

在图像处理中，主要利用数学形态学：①进行图像增强，改善图像质量；②描述和定义图像的各种几何参数和特征，如面积、周长、连通性、粒度、骨架等。

1. 集合论的基本概念

（1）集合。具有某种共同特性的可区分的客体全体的汇集称为集合或集。例如二值图像中白色像素的坐标可以构成一个集合，这些坐标相互可以区分（不同的像素位置），他们具有的共同特性是对应位置上的像素颜色都为白色。集合中可以不包含任何客体，这样的集合称为空集，记为 $\varnothing$。

（2）元素。构成集合的客体称为集合的元素。假设 A 为某个集合，而 a 为某个客体，则 $a \in A$ 表示 a 是 A 的元素，而 $a \notin A$ 表示 a 不是 A 的元素。

（3）子集。给定集合 A 和集合 B，当且仅当集合 B 的每个元素也同时是集合 A 的元素时，称集合 A 包含集合 B 或集合 B 包含于集合 A。B 称为 A 的子集。

（3）并集。给定集合 A 和集合 B，由 A 和 B 中所有元素组成的集合称为 A 和 B 的并集，记为 $A \cup B$。

（4）交集。给定集合 A 和集合 B，由 A 和 B 的共有元素组成的集合称为 A 和 B 的交集，记为 $A \cap B$。

（5）补集。给定集合 A，所有不属于 A 的元素组成的集合称为 A 的补集。

（6）差集。给定集合 A 和集合 B，他们的差集为 A–B。

此外在数学形态学中还广泛使用了两个附加定义：①反射。给定集合 A，其反射记为 A'；②位移。给定 Z^2 坐标点的集合 A，A 中的点按位移向量平移后的新坐标构成的集合称为 A 的位移。

图像处理中所使用的主要逻辑操作包括与、或和非。

在图像处理中，二值图像的逻辑操作（图像的数量由逻辑操作中的操作数数目确定）为图像对应像素间逐像素进行，例如两幅二值图像进行与操作，意味着这两幅图像对应位置上的像素进行与操作，操作结果成为结果图像中相应位置上的像素值。一般当涉及的逻辑运算需要两幅或更多图像参与时，要求这些图像具有相同的大小。

对于二值图像而言，其逻辑运算和集合运算之间存在着对应关系，例如二值图像的逻辑与操作对应于集合的交操作，而二值图像的非于操作对应于集合的差。因此，在讨论二值图像的运算时，常可见集合操作术语（如"交"）和逻辑运算术语（如"与"）被等价地加以使用，这种情况可以很容易地由上下文得到确定。

2. 膨胀与腐蚀

给定 Z^2 中的集合 A 和 B，A 被 B 膨胀定义为：

$$A \oplus B = \{z | (B)_z \cap A \neq \varnothing\} \qquad (4-1)$$

式中，集合 B 称为膨胀的结构元素，它存在于所有形态学的操作中。这一膨胀的定义是将 B 相对于其自身的原点（这一原点又称为结构元素的参考点）进行反射，然后按所有可能的 z 进行位移，那些使得 B 和 A 至少有一个像素发生重叠的 z 所构成的集合便是 A 被 B 膨胀的结果。

以上定义并非膨胀操作的唯一定义形式，还存在若干等价的定义。对于二值图像来说，更加直观的解释可以将膨胀操作视为将 A 中的每个值为 1 的像素"扩张"为 B 的副本，扩张的基准点即为 B 的参考点，然后所有扩张的副本求并集后便得到了膨胀的结果图像。这一解释也可将结构元素 B 视为一个模板，当 B 滑过 A 的每个像素并在 A 的值为 1 的像素处进行扩张后，就完成了膨胀操作，此时的过程类似于卷积操作。

膨胀操作的一个主要用途便是将因各种原因被分离开来的对象区域重新连接起来，当然，这些对象部分之间的间隔相比于不同对象之间的间隔而言，应该较小。至于能够重新连接起来的分离程度或者说间隔的大小为多大，则由结构元素所确定。同样地，如果将结构元素 B 视为类似卷积操作的模板，则当 B 滑过二值图像 A 中每个像素时，如果在当前 B 的范围内存在值为 0 的像素，则 A 中的当前像素值将被置为 0；否则 A 中的当前像素值保持不变。

膨胀和腐蚀操作对于集合的求补运算和反射运算是彼此对偶的，即腐蚀操作最常见的用途是去除多余的细节，例如由于噪声造成的细碎分散的小区域，以及将不同区域错误相连的细小连接。经过阈值分割后，二值图像中还存在许多细碎的噪声性区域。

3. 开操作及闭操作

虽然膨胀和腐蚀操作可以消除不希望出现的间隔或连接，但他们并非完成这些任务的最适当的方式，因为他们同时也改变了对象区域的大小。更加合适的方法是闭操作和开操作。

给定集合 A 和 B，使用结构元素 B 对 A 进行开操作记作 A·B，定义为：

$$A°B = (A \ominus B) \oplus B \qquad (4-2)$$

即先用 B 对 A 进行腐蚀后再膨胀；使用结构元素 B 对 A 进行闭操作记作 A·B，定义为：

$$A·B = (A \oplus B) \ominus B \qquad (4-3)$$

即先用 B 对 A 进行膨胀后再腐蚀。

图像经过腐蚀操作后，如果某些细节被彻底腐蚀掉，那么这些细节将无法通过之后的膨胀操作得以恢复，例如细碎的小区域一旦被彻底消除就会出现这样的情况。类似地，如果某些小的间断或孔洞被膨胀操作所完全填充，则他们也不可能再通过之后的腐蚀操作被腐蚀出来。而除开这些无法恢复的部分之外，其余主体性的白色或黑色区域都可通过开或闭操作而大体保持原来的大小和形状，虽然开和闭操作会对这些区域造成一种"平滑"的效果，使得其轮廓显得更为光滑。

连续利用开操作和闭操作来对图像进行处理，不仅存在若干细碎的噪声性区域，而且在指纹区域内部也存在若干小的孔洞。经过开操作后，大部分细碎区域被移除，但是孔洞仍然存在；如果紧接着再进行一次闭操作，其中大部分细碎区域和孔洞均被移除，而指纹区域并未发生过大的改变。

4. 击中或未击中变换

形态学击中或未击中变换是通过匹配来进行形状检测的基本工具。

假设有一个待检测的形状模板 X，为了在图像 A 中找到所有该模板的实例出现的位置，即将模板 X 的参考点置于某个这样的位置上时，图像 A 中该位置附近（即模板所覆盖的范围）内的黑白像素分布模式与模板 X 完全相同。通常以白色表示 1，黑色表示 0。

为了能使得 A 中某个位置附近的白色像素分布与 X 中的白色像素分布匹配，如果用模板方式表示的结构元素（相当于 X）放置在 A 中当前位置处时，结构元素中白色像素位置处对应的 A 中像素也全部是白色，则腐蚀操作不改变 A 中当前像素的值，否则便将当前像素置为黑色。因此，可以利用 X 来腐蚀 A，而腐蚀结果中的白色像素便指明了 A 中白色像素分布模式与 X 中的白色像素分布模式相匹配的位置。

但是为了真正与 X 相匹配，则不仅仅 A 中当前位置附近的白色像素分布要与 X 中白色像素分布的模式相匹配，而且两者的黑色像素分布也必须互相匹配。黑色像素的匹配同样可以通过腐蚀操作来完成，不过需要对 A 和 X 都进行取反的操作。注意这时对 X 的取反仅在模板的范围内进行。只有进行了这两个腐蚀操作后仍然保持为白色的位置，才是 A 中与 X 匹配的位置。

如果用形态学标准的集合形式来定义击中或未击中变换的话，假设 X 表示整个模板所有像素位置的集合，而以 W 表示其中白色像素的位置集合，则在 A 中对模板 X 进行匹配记为：

$$A \circledast X = (A \ominus W) \cap [A \ominus (X - W)] \qquad (4-4)$$

在形状检测中要同时对对象像素和背景像素都进行匹配的原因在于，通常而言，感兴趣的对象只有在与其他对象相互分离即由若干背景像素区隔开来的时候，这些对象才是我们可以真正区分出来的目标。

此外，当将结构元素视为模板时，常常会考虑矩形的模板，以方便分析和具体的编程实现。但是，结构元素的两个分量却不必正好完全填充这一矩形模板。这个时候，在某个位置上进行模板匹配时，这些对应模板位置上的像素值为 0 或者为 1 都不会对匹配造成影响。

5. 常见的二值图像形态学算法

利用前述基本的数学形态学操作，可以组合出具有实用意义的形态学处理算法。

（1）边界提取。集合 A 的边界可通过先用适当的结构元素 B 对 A 进行腐蚀，然后再用 A 减去腐蚀结果而得到：

$$\beta(A) = A - (A \ominus B) \qquad (4-5)$$

其中的结构元素 B 是进行边界提取时最为常用的结构元素之一。不过当然可以根据需要选用其他的结构元素，例如当使用更大的正方形来作为边界提取的结构元素时，可以得到更粗的边界。当腐蚀操作涉及超出图像范围的坐标时，常假设图像范围之外的值为 0。

（2）区域填充。下面将要介绍的区域填充算法可以填补图像区域中的孔洞。

不过为了能够应用以下的算法，需要使用其他某种方法首先获得待填补孔洞的至少一个像素点。假设我们已经获得了二值图像 A 中某一个孔洞中的某一个像素点心则首先将 p 点的值置为 1，并令 $X_0=p$，按下式进行迭代：

$$X_k = \left(X_{k-1} \oplus B\right) \cap A^c \qquad (4\text{-}6)$$

（3）连通分量的提取。利用类似于区域填充的思路可以实现连通分量的提取。同样地，需要在实施以下算法之前获得待提取的连通分量的至少一个像素点。假设已知二值图像 A 中某个待提取的连通分量上的某一个像素心，按下式进行迭代：

$$X_k = \left(X_{k-1} \oplus B\right) \cap A] \qquad (4\text{-}7)$$

当 $X_k = X_{k-1}$ 时迭代停止，此时的 X_k 便给出了该连通分量。应该注意，此时得到的连通分量具有 8 连通性。

（4）细化。集合 A 使用结构元素 B 进行细化，定义为：

$$A \otimes B = A - (A \circledast B) = A \cap (A \circledast B)^c \qquad (4\text{-}8)$$

通常我们并非使用单一的结构元素来完成细化，而是使用一系列特殊设计的结构元素，经过一次细化操作，便可以得到较原区域"缩小"了一圈的结果。

（5）粗化。粗化和细化在形态学上是对偶过程。用于粗化的结构元素和细化的结构元素形式相同，只不过需要取反。不过直接按上式进行粗化在实际中较少使用。由于粗化和细化互为对偶关系，因此可以通过对背景进行细化来得到前景的粗化结果。

6. 灰度级图像的扩展

灰度级图像可以用于对灰度图像进行包括平滑和锐化、梯度计算等多种有实际意义的操作。

（1）膨胀与腐蚀。灰度膨胀操作的目的一般是用于消除图像中较暗的部分，并利用其周围较亮的灰度值来"覆盖"这些部分，当然，这些灰度值还要与结构元素中的相应灰度值相加。如果结构元素的所有值均为正，则输出图像会趋向于比输入图像更亮。

腐蚀与膨胀操作的作用是相反的，腐蚀一般用于消除图像中较亮的部分，并利用周围较暗的灰度值来"覆盖"他们。如果结构元素的所有值均为正，则输出图像趋向于比输入图像更暗。

不仅整体更为明亮，而且黑色部分明显缩小，例如在左侧灌木的上部，较暗部分明显减弱；腐蚀图像的效果则与膨胀的效果相反，不仅整体亮度降低，而且左侧灌木上原本较为细小的白色花朵都在腐蚀操作下被去除掉了大部分。

（2）开操作与闭操作。灰度图像的开操作和闭操作与二值图像上的对应操作具有相同的形式。假设所用的结构元素为一个圆形的结构元素。当这个圆形结构元素紧贴着图像的下沿滚动经过整个图像范围时，圆形外沿在各处所经的最高点就构成了开操作的结果。类似地，当结构元素紧贴图像的上沿滚动经过整个图像范围时，圆形外沿在各处所经的最低点就构成了闭操作的结果。在实际应用中，与二值图像中的情形相似，开操作用于去除图像中相比于周围较亮的细节，而闭操作用于去除较暗的细节。

原灰度图像进行灰度开操作后，相比于结构元素大小较小的明亮细节被移除了，例如图中右上部的白色绵羊在开操作的作用下基本都消失不见了；而在闭操作的作用下，较小的暗细节被移除或削弱，最典型的例子是在图中左侧中部的较暗的散布草丛，若干较小的草丛都被闭操作所消除。

（3）灰度图像形态学操作的若干应用。

第一，形态学图像平滑处理。形态学图像平滑处理的一种途径是先进行开操作去除亮的噪声，再利用闭操作去除暗的噪声。

第二，形态学图像梯度。膨胀和腐蚀操作的组合强化了灰度图像中的灰度值跳变。如果使用对称的结构元素，则得到的形态学梯度对边缘方向性的依赖更小。

第三，粒度分析。粒度分析要解决的是判断图像中不同对象的尺寸分布的问题。粒度分析通过一系列形状相似但尺寸逐步增大的结构元素来进行，根据待分析的对象较背景为亮或为暗来选用开或闭操作。例如要分析较亮的对象的粒度，可以用这一系列不同尺寸的结构元素与图像进行开操作，每次使用不同尺寸的结构元素处理过后，计算出原始图像和开图像之间的差异。将这一系列的差异对相应的结构元素尺寸作图，并进行归一化处理，便可得到对象尺寸的分布直方图。

7. 形态学的分水岭分割

（1）基本概念。分水岭的概念是将图像视为三维地形，并以此为基础进行处理: 在三个坐标中，两个为平面坐标，指明了像素的位置; 第三个坐标为灰度值，可以直观地将某个像素的灰度值看作一个三维地形分布在该像素位置处的"高度"。根据这种"地形学"的解释，图像中的像素点可分为三类: ①局部极小点。如果假想有一滴水落在这样的点上，则水滴将稳定地在此聚集而不会流动; ②"山坡上"的点。如果水滴落在这样的点上，他们将确定地流至某个确定的局部极小点处; ③"山脊上"的点。如果水滴落在这样的点上，他们将以等概率流至超过一个的局部极小点处。对于一个特定的局部极小点，满足条件②的点的集合称为该点的"汇水盆地"或"分水岭"; 而满足条件③的点的集合形成了地形表面的峰线，称为"分割线"或"分水线"。

　　基于分水岭概念的分割算法的主要目的是找到分水线。基于分水岭的分割算法的基本思路很简单: 此时并不是考虑落在每个像素点处的水滴会如何运动，而是假想在每个区域极小值处钻一个洞，并让"地下水"从洞中以均匀的上升速率涌出，从低到高地淹没整个地表。但是在淹没过程中，我们将控制不同的汇水盆地不会融合起来，因此当不同的汇水盆地的水将要聚合起来时，在其接触位置上"修建大坝"以阻止聚合的发生。当整个地表都被淹没后，水面上将只能看到这些大坝的顶部。这些大坝的边界便对应了分水岭的分割线，即由分水岭算法获取的（连续）边界线，这些边界线将整幅图像分割为若干分离的区域。

　　分水岭分割的主要应用是将图像分割为若干区域内部灰度基本一致而相邻区域间灰度差别明显的部分，因此在实际中所见到的分水岭分割常常是应用于图像梯度而非图像本身，此时从直观而言，分水岭分割中的局部极小值与图像梯度较小的平坦区域相对应，分水岭点与图像中的灰度单调渐变区域相对应，而分水线点则与图像中的边缘轮廓相对应。

　　（2）分水线的构造。分水线或说水坝的构造以二值图像为基础，最简单的方法是使用形态学膨胀操作。

　　（3）分水岭分割算法。直接应用于普通图像（或梯度）上的分水岭分割算法通常获得过度分割的结果，即图像被分割为过于零碎的细小区域，而无法得到有意义的、较为完整的对象区域。这样的过度分割一般是由于图像噪声以及梯度的局部波动所致，这些噪声和波动在图像（或其梯度）中造成为数众多的局部极小点，各自控制着邻近很小范围内的图像区域作为汇水盆地。处理过度分割的常用方法是使用标记。一般先通过一定的预处理步骤消除掉部分噪声性的局部极小值，例如常用的图像去噪方法便能达到这一目的；然后根据具体问题相关的知识来获得处于感兴趣的对象内部的内部标记，以及对应于非对象的背景区域的外部标记。这些标记点处的值将被强行设置为一个很小的值，以保证淹没过程会从标记点开始进行，由此再使用上述的分水岭算法，将能得到改善明显的分割结果。

（二）对象表示及描述

图像处理的一个重要分支就是对象的表示与描述，它是对给定的或已经分割好的图像区域的属性以及各个区域之间的关系用更为简单明确的数值、符号或图来表征。按照一定的概念和公式从原图像中产生的这些数值、符号或图称为图像特征，反映了原图像的重要信息和主要特征，并有利于计算机对原图像进行分析和理解。

1. 形状表示

（1）链码。数字图像中的线条或边界是一串连通一体的离散像素点所构成的。根据定义线条的连通性为 4- 连通或 8- 连通，我们可以定义有限个相邻线条像素间的相对方向。利用这些方向代码，便可以通过记录线条起点或闭合边界中的任一点的坐标，然后记录沿线条或边界行进过程中每一步的行走方向的代码来形成一个代码串，由此得到的一串数据称为曲线的 Freeman 链码表示。根据起点坐标和链码，可以完美地复原出原来的曲线。

对于闭合边界曲线，可根据所给的区域边界跟踪算法跟踪边界，并记录下起点坐标和跟踪过程中每次移动的方向代码，来获得边界的链码表示。对于不闭合的线条，则需要采用另外的方法来寻找起点并确定是否达到终点，其余步骤基本类同于边界跟踪。

（2）曲线近似与拟合。对于数字图像中的区域边界或一般线条而言，实际上都可以精确视为多边形或多条直线段所构成的折线，这些边界或线条的任意相邻两点均定义了多边形或折线的一条边。但对于一般情形而言，由此得到的多边形或折线的顶点数和边数过多。因此，常常希望利用尽可能简单的多边形或折线来充分体现原边界或线条的重要特征。此外，在许多应用中，为了方便对边界或线条的数学分析，或者为了实现更为精确的边界点亚像素定位，通常希望利用光滑曲线对原来的数字边界或线条进行拟合，并获得边界或线条的解析表达式。

第一，多边形近似。聚合方法。聚合方法从边界线的某个搜索得到的起点开始，逐步将相邻的边界点纳入当前的段中，然后根据段中的点确定一条拟合直线段，例如以段的起点与最后纳入的点之间的连线作为拟合直线。之后根据拟合直线和段中所有点的坐标确定拟合质量的好坏，通常可利用点到拟合直线之间的平均绝对误差（距离）或平均平方误差等来定量评价拟合质量。如果拟合误差在某个给定的容许限内，则继续当前段的聚合过程，进一步纳入相邻点，否则当前段终止，所得的拟合直线段即为近似多边形的一条边，然后以最后纳入的点作为新段的起点，开始新的聚合过程。

聚合方法的主要问题在于，通常使用的平均误差指标在判断边界拐点时存在一定的延迟，如果当前段已经越过了边界拐点时，平均误差却不能立即增大到足以终止当前段聚合过程的程度，而只有当越过边界拐点达到相当程度之后，才能在误差指标上得到体现。因此，单纯使用聚合方法所得到的近似多边形，其顶点位置常常会偏离实际的边界拐点位置。

拆分方法。拆分方法的思路则是在初始时以一条直线段来对整个边界线进行拟合，然后考察拟合质量，如果拟合质量没有达到预定的要求，则根据某个准则确定当前拟合直线所对应的边界线段内的一点，然后以该点至原拟合直线的两个端点的连线作为新的拟合折线，直至各边的拟合质量均达到要求为止。对于开放的简单曲线，初始拟合直线一般可取为曲线两端点之间的连线；对于闭合的区域边界，则可取边界上距离最远的两点作为拟合直线段的端点。拆分点一般可通过最大误差来确定，即找到拟合直线段对应的边界线段中距离拟合直线最远的那一点来作为拆分点。

第二，一般曲线拟合。当边界较为复杂时，通常是通过将边界分为若干段，然后对各段用较为简单、容易处理的曲线加以拟合，即通过分段拟合来描述整体的边界。前述的多边形近似实际上就是分段线性拟合的一个特例。如果希望得到连续二阶导数的光滑的拟合曲线，则可以进行分段拟合。

（3）骨架。通过骨架获取方法（又称为骨架化方法或中轴变换）可以得到区域的一个简化的、线条状的描述。通常我们希望获取所谓的"同伦骨架"来表示平面区域。同伦骨架能够保持原区域的拓扑性质。例如对于简单区域（即没有孔洞的区域），其同伦骨架中也不存在孔洞，或者对于线条状的骨架而言，其中不存在环路；而对于具有孔洞的区域，则其同伦骨架中也存在着同样数量的环路。因此，对于简单区域而言，其同伦骨架通常可以通过一个树结构来加以描述，例如选择主对称轴的一个端点作为树的根节点，以其他的骨架分支的端点以及多条分支交汇的分叉点作为树的各层节点，而连接了这些节点的各条骨架线条便形成了树的边。如果区域中包含了孔洞，则也可以自然地选择一般的图结构来对区域进行描述。

理想情况下，骨架中的分支应当描述了区域的各个主要的部分，不过骨架化方法对于区域边界上的微小扰动一般都十分敏感，因此通常会得到包含了大量"毛刺"，即冗余分支的骨架，这些分支由于区域边界上的微小突起所形成，而并不对应于显著的区域部分。因此，通常需要采取适当的去除毛刺方法来获得更适于描述区域主体特征的骨架。

与骨架密切相关的一个形状的定量描述，是所谓的"熄火函数"。熄火函数得名自骨架的另一种定义。如果将区域视为一片均匀的"草地"，并且在某个时刻，草地的边缘各点处同时燃起了燃烧速度相等的野火，则当野火逐步燃烧到草地内部时，来自不同起火点的火焰将在骨架的位置处相遇，并因为耗尽了可燃烧的干草而在此熄灭。而在达到某骨架点之前火焰所经过的距离，即为该骨架点到区域边界各点之间的最短距离，也可以视为该骨架点处的"区域宽度"。每个骨架点处的区域宽度值，即为该点处的熄火函数值。根据骨架和熄火函数，可以更为自然方便地获得诸如区域平均宽度等特征。而且，利用骨架和对应的熄火函数，可以无损地复原区域。

（4）图像特征点。图像特征点指图像中不同对象交界处灰度突变所形成的边缘点或角点等。这些点可以作为对象乃至整幅图像的一个集约的描述，并在图像配准、对象识别、三维重建等方面具有重要的应用。针对图像特征点的检测，已经提出了多种方法。

第一。Harris 角点检测方法。Harris 角点检测方法是在 Moravec 的角点检测方法基础上改进而成。Moravec 的角点检测方法考察图像中的一个小窗口。当这个小窗口在不同方向上发生小的位移时，窗口内图像的灰度将会发生不同程度的变化：①如果窗口落在了各点灰度值近似相等的灰度平坦区域，则所有的位移都只会带来小的灰度改变；②如果窗口正好跨在了一条边缘线上，则沿着边缘线走向上的位移将给出小的灰度改变，而垂直于边缘线走向的位移将带来大的灰度改变；③如果窗口落在了一个角点或孤立点上，则所有方向上的位移都将带来大的灰度改变。

因此，如果各方向上的位移带来的灰度改变中的最小值也是一个大值时，就能检测出该处为一个角点。

第二，SUSAN 特征点检测。SUSAN 特征点检测的基本思路是考察图像当前像素附近的一个圆形邻域。如果当前像素处于一个灰度平坦区域，则在以该像素为圆心的圆形邻域中，将有较多的像素的灰度值与当前像素灰度值相近；反之，如果当前像素处于边缘或角点等特征点处，则在圆形邻域中灰度取值接近于中心位置的像素将较少，对于平直边缘，这些像素的点数占整个邻域点数的比例约为 50%，而对于角点，则该比例将更小。

第三，SIFT 特征点检测。SIFT 是尺度不变特征变换的简称，是目前用于图像匹配的最为主要的局部特征提取与匹配方法之一。SIFT 通过在高斯差分尺度空间中检测稳定极值点来作为特征点（关键点），并主要利用关键点附近的梯度方向作为局部特征。SIFT 的关键点检测过程中的极值检测不仅仅是在同一尺度的图像邻域中进行，而且也在大小相邻的尺度间进行。

确定特征点的主方向。特征点处的主方向通过在该特征点附近给定邻域内所有像素点梯度方向统计而得。邻域中各点的方向经梯度幅值加权后被统计进入一个 0 ~ 360°、36 单元格的方向直方图中，而且为了强调邻域中心点的方向并抑制邻域边缘点的方向，各点的方向还由一个 s 值等于当前尺度 1.5 倍的高斯窗所加权。直方图的最大值点以及峰值不小于最大峰值的 80% 的局部峰点所对应的方向即为特征点的主方向。因此，一个特征点可能具有多个主方向。

生成 SIFT 描述子。对于每个特征点，现在已确定了其空间位置、尺度以及主方向等信息。然后对于每个主方向，考察在特征点尺度下，以特征点为中心的邻域，首先根据特征点的主方向将邻域进行旋转，然后取以特征点为中心的 4×4 个子区域构成的邻域范围，每个子区域包含 4×4 个像素，将每个子区域中各像素的梯度方向按梯度幅值加权后统计进入一个 8 单元格的方向直方图中，并将所有子区域的方向直方图拼接为一个 $4 \times 4 \times 8$ 大小的 SIFT 特征描述子。如果一个特征点具有多个主方向，便具有多个 SIFT 描述子。该 SIFT 描述子对于尺度和旋转具有不变性，如果再对其进行归一化处理，则可去除光照改变的影响。

2. 边界描述子

（1）长度。边界长度是最为简单的描述子之一。一种粗略的计算方法是以边界上的像素点数目作为长度。如果是使用 8- 邻域定义的边界，则互相处于对方 4- 邻域中的相邻边界点对数加上互相处于对方对角邻域中的相邻边界点对数乘以 $\sqrt{2}$，便给出了边界线欧氏距离下的精确长度。

（2）基本矩形和离心率。根据边界的长轴和短轴，可以作出一个朝向与长轴方向一致、长宽分别等于长短轴长度、恰好能完全包围全部边界的矩形，称为基本矩形。基本矩形的长宽比（即长轴与短轴的长度之比）称为离心率。

（3）最小包围盒。基本矩形能够给出边界形状的一个良好的矩形近似，但是其计算一般较为费时。另一种十分常用的边界形状的矩形近似，即为最小包围盒，它是恰好能够完全包围全部边界，并且边的方向局限于水平和垂直方向的矩形。实际上，该矩形所包围的最小包围盒的长、宽、面积等量都可以作为有用的边界形状的描述子。

（4）曲率。曲率定义为斜率的变化率。可用差分近似导数来求取曲率。不过这样求得的曲率一般并不可靠。一种较为可行的处理方式是对序列分别进行一定的平滑，然后再求取曲率；另一种方法则是考察某个边界点两侧给定长度的两条线段的斜率差。由边界上每一点处的曲率值可进一步得到描述整条边界的描述子，如曲率的绝对值之和、曲率平方和或最大曲率绝对值等。

（5）傅里叶描述子。采用傅里叶描述子的关键在于，傅里叶描述子中的低频系数（即 M 值较小的那些系数）描述了边界的整体形状，而高频系数则描述了边界上的细节。如果两种不同的边界在大体形状上就存在明显差异，那么这一差异将能够在数量很少的若干个最低频的系数上得到体现，因此对于区分和识别的目的而言，我们可以仅使用很少的傅里叶描述子就能完成分类的任务。

如果选择除直流系数之外的傅里叶系数的模值，并进行归一化处理，那么由此得到的描述子将对以上的旋转、平移、比例缩放和序列起点偏移等变换具有不变性，也因而更适于分类和识别的应用。

3．区域描述子

（1）面积。区域面积简单地定义为区域中像素点的数目。

（2）致密度。致密度 C 定义为如果区域的边界上存在较多的细长突起或凹陷，则 C 的值较大，而区域也越不"致密"。圆形的 C 值最小。

（3）延伸度。延伸度是区域的长度和宽度的比，它描述了区域是否具有长条形的形状。如果使用一个单位半径的圆盘状结构元素对区域进行连续腐蚀，则区域的最大宽度可粗略取为使区域正好被完全腐蚀掉的腐蚀次数。

（4）矩形度。矩形度描述了区域形状接近于矩形的程度。

4．纹理描述子

虽然对纹理并没有正式的定义，但直观而言，纹理描述子给出了诸如光滑性、粗糙性、规律性等特性的度量。

（1）统计方法。描述纹理的最简单的方法之一便是使用图像或区域的灰度直方图的统计矩。

二阶矩即为灰度方差，它是一个区域灰度光滑程度的有用描述子；三阶矩描述了直方图的偏斜程度，而四阶矩可以表示相关平直度；五阶或更高阶矩难以直观地与直方图的形状联系起来，但也同样可以作为纹理的量化描述。此外，还有其他一些基于对于呈现一定规律性的纹理而言，其像素值在一定的空间关系下表现出较为明显的相关性。但由于直方图忽略了所有的像素空间信息，因此以上基于直方图的描述子无法给出纹理在空间上的相关性的描述。基于共生矩阵的描述子则可以弥补这一缺陷。

（2）频谱方法。对于呈现出一定周期规律性的纹理而言，其傅里叶频谱可以给出有用的信息。例如频谱中非零频的峰值点在频率空间中相对于原点的角度和距离便能分别给出纹理模式的主要方向和基本空间周期。根据上述观察，以极坐标来考察纹理频谱将更为简单。令 $S(r, \theta)$ 为极坐标形式下的频谱函数，其中 r 和 q 分别是频率空间中的频率点的幅值和转角。则由 $S(r, \theta)$ 可定义如下两个一维函数：

$$S(r) = \int_0^\pi S(r, \theta) \mathrm{d}\theta \tag{4-9}$$

$$S(\theta) = \int_0^{R_0} S(r, \theta) \mathrm{d}r \tag{4-10}$$

式中，R_0 为所考虑的最大频率半径。这两个一维函数的形状本身便能够提供纹理区域的一种描述，而且由他们还可以进一步得到更为简单的描述子，如峰值、峰值点、均值、方差等等。

二、视觉图像特征提取技术

图像虽然给人们提供了十分丰富的信息，但是这些图像信息通常具有很高的维数。以一幅尺寸大小为 400×300 的黑白图像为例，它可以得到 120000 个点数据，每个点数据有两种变化的可能性，即该点为白色还是黑色。对于彩色图像和分辨率更高的图像而言，数据量更是惊人。这对于实时系统来说，将会是一场灾难，因为测量空间的维数过高，不适合进行分类器和识别方法的实现。因此，需要将测量空间的原始数据通过特征提取过程获得在特征空间最能反映分类本质的特征。

（一）视觉图像特征的特点及其分类

为了更加高效地分析和研究图像，通常需要对给定的图像使用简单明确的数值、符号或图形来表征，他们能够反映该图像中最基本和最重要的信息，能够反映出目标的本质，称其为图像的特征。例如，在图像处理和模式识别领域中，对处理的图像提取合适的描述属性即图像特征，是非常核心和关键的一步。在根据内容对图像进行分类中，首先必须对图像内容进行准确描述，从图像中提取有用的信息作为图像特征提供给计算机进行识别进而进行分类。

在图像处理与计算机视觉领域，图像特征提取是非常关键的技术。从原始图像中提取图像特征信息的过程称为图像特征提取，是指运用计算机技术对图像中的信息进行处理和分析，从图像中提取出关键有用、标示能力强的信息作为该图像的特征信息，并将提取到的图像特征用于对实际问题的处理。

通常情况下，图像空间又被称为原始空间，有特征的空间被称为特征空间，原始空间和特征空间可以相互变换，变换的过程被称为特征提取。人类在理解图像内容的过程中，会受到个体差异性的影响，对于一幅图像形成不同的理解。从计算机的角度出发，不同特征的提取方法得到的图像内容也不相同。提取图像特征的好坏直接影响图像处理效果，比如图像的分类、图像的描述以及图像的识别等。特征提取也是目标跟踪过程中最重要的环节之一，它的健壮性直接影响目标跟踪的性能。

在目标分类识别过程中,根据被研究对象产生出一组基本的特征用于计算,这就是原始的特征。对于特征提取来说,并不是提取越多的信息,分类效果越好。有些特征之间存在相互关联和相互独立的部分,这就需要抽取和选择有利于实现分类的特征量。

1. 视觉图像特征的特点

图像特征提取是一个涉及面非常广泛的技术,根据用户需求和待解决问题的实际要求提取出对应的图像特征。理想的图像特征应该具备以下特点:

(1)图像特征向量应该具有较强的表征能力,可以将图像中的物体特征和属性正确地展现出来,并将不同的物体进行有效区分,从而降低后续设计分类算法的难度。换句话说,在提取图像特征的过程中,应该突出图像的差异性,相同的图像样本,特征差越小越好;相反,不同的样本图像,特征差越大越好。相同模式的对象类别应该具备类似的特征值,例如,苹果的成熟程度不同,呈现出来的苹果皮颜色也不相同。虽然,红苹果和青苹果都属于苹果,但是他们具有不同的成熟度,具有很大的颜色差异,因此,颜色特征并不是好的区分特征;如果是不同类型的对象模型,他们的差异性会比较明显,比如,篮球和足球,用直径就可以很好地区分他们的特征,因为他们的直径大小差异明显。

(2)特征向量应具备抗模式畸变能力,例如具有图像缩放、平移、旋转、仿射不变性,在同一幅图像经过旋转、缩放等一系列处理之后,从中提取的特征向量仍然能够实现精确的匹配。

(3)图像的特征向量应该建立在图像的整体性上,向量的分布也必须遵循均匀原则,不能把图像集中在一个局部区域中。

(4)图像的特征应该把图像中多余的信息排除,保持各个特征的独立性,各特征之间不相联。如果两个特征值表现的是一个对象的相同属性,那么不应该同时应用相同的特征值,避免造成数据多余,避免给计算机增加计算难度。比如,水果的重量和直径属于关联性较强的两个特征属性,人们通过公式可以计算出水果的重量以及体积,水果的重量和直径是三次方的关系。有的时候,关联的特征属性可以一起使用,以增强物体的适应性,但是,一般情况下,这种特征量不会单独使用。

总之，图像特征应能够很好地描述被提取的对象，能够满足对特征的特殊性要求和一般性要求，并且能够满足分类要求的指标。图像特征提取应能够实现对多种类型图像特征的提取，并且具有适应性强等优点。同时，图像特征提取算法所耗费的时间应该尽量少，以便于快速识别。

2. 视觉图像特征的分类

图像特征分为很多类型，分类方法也有很多，根据其类型和用途不同，分类标准也不同。

（1）图像特征依据表达语义的级别不同，又可以分为高层语义特征以及底层语义特征。高层语义特征是指局部特征具有不变性，通常情况下，它具备深层次的语义特征，是抽象化地表示图像内容；底层语义特征主要是指全局特征，包括纹理、颜色、空间关系以及形状等。

（2）图像特征根据视觉效果可以分为纹理特征、点线面特征以及颜色特征等；图像特征根据变换的系数可以分为小波变化、傅里叶变换以及离散余弦变换等；图像特征根据统计特征又可以分为均值、灰度直方图、矩特征以及熵特征等。用来描述目标的图像特征主要有光谱特征、纹理特征、结构特征、形状特征等，其中光谱、纹理、形状应用得尤为普遍。

（3）图像特征依据不同的表达范围又可以分为全局特征和局部特征。局部特征主要代表目标区域内的信息，是对特定范围内的图像关键点进行提取；全局特征针对的是图像的整个区域，是对整体特征信息的反映。图像全局特征的种类繁多，大部分是通过纹理特征、颜色特征以及形状特征演变形成，并且，描述的过程中多采用直方图的形式。局部特征和全局特征相比，更具显著性和针对性，所以，局部特征在识别和分类图像中的作用更强，局部特征也是研究提取特征的重要方向。

图像局部特征采取的分类方法相比于图像全局特征采取的分类方法更具局限性。因为通常情况下，在描述图像的局部特征时，需要描述更多的局部描述子数量，这种方式不利于图像分类。所以在对复杂的自然图像进行分类时一般使用图像的底层全局特征，近年来发展起来的深度学习图像识别技术采用的就是图像的底层全局特征。基于图像局部特征的图像分类方法在特定的场合也能取得较好的效果，如对一些固定场景的分类。

（二）视觉图像特征的提取方法

1. 视觉图像深层特征的提取

深度的概念具有相对性，与底层特征相比，传统的特征提取方法也属于深度特征，深度的学习可以提取较强表达能力的特征，具体原因如下：

（1）从仿生学的角度来看，深度学习是从哺乳动物的大脑中不断演变而成。人类的大脑皮质和哺乳动物的大脑皮质相似，大脑对数据进行分层处理的过程中，深度学习可以展现出不同水平的特征，并将这些特征逐层结合。深度学习的过程符合人类的认知过程。

（2）从网络表达能力上来说，浅层的网络架构在实现复杂高维函数时其表现不尽如人意，而用深度网络结构则能较好地表达。

（3）从网络计算的复杂程度来看，如果深度是 n 的网络结构可以紧凑地呈现某一个函数，当深度小于 n 时，它的计算规模需要指数级增长。

（4）从信息共享的角度来看，深度学习可以获得多重水平的特征，在类似的不同任务中，可以重复使用，等于给任务求解提供了一部分没有监督的数据，最终获得更多的信息。

（5）深度学习模型受大数据的驱动，使得模型的拟合程度更加精准。

一个或多个底层特征组合形成了图像深层特征。深度模型受哺乳动物大脑模型的影响，形成的多为分层结构，在函数的映射下，不同的原始提取数据具备一种或多种不同的特征，然后将提取的深度特征输入下一层数据中，这种深度特征包括观察不同方面的图像特征。深度学习的核心算法是：通过底层特征自动找到抽象的图像深层特征。

深层特征提取往往从图像中大量的边缘信息提取开始，接着检测较为复杂的由边缘特征组合而成的局部形状，再根据类别关系对图像中低频的部件或是子部件进行识别，最后将获得的信息融合在一起理解图像中所出现的场景。

2. 视觉图像深度学习特征的提取

卷积神经网络（CNN）属于局部连接网络。与全连接网络相比，卷积神经网络最大的特点是：具有权值共享性和局部连接性。卷积神经网络的局部连接性主要体现在：在一幅图像中，距离越近的像素对图像的影响越大；卷积神经网络的权值共享性主要表现在：区域与区域之间可以共享权值，权值共享还可以被称为卷积核共享，对于一个卷积核将它与给定的图像做卷积就可以提取一种图像的特征，不同的卷积核可以提取不同的图像特征。

第三节　视觉图像识别与分割技术

一、视觉图像识别

（一）模式与模式识别

模式是指具有某种特定性质的观察对象，特定性质是指可以用来区别被观察对象是否相同或相似的性质。模式识别即是由计算机根据给定对象的特性（特征矢量）和某个判定方法，将该对象归入某个特定的模式类中。模式识别的本质在于实现元素（观察对象）和集合（模式类）之间从属关系的判定过程。

按模式识别的学习过程分类，模式识别可分为两种：①有监督模式识别指用于识别模式的分类器的学习或训练过程，需要借助于用户提供的训练样本，该训练样本由各类别对象的适当数量的实例构成，而且训练样本中每个对象的正确类别是已知的。分类器的学习算法便能够根据对训练样本对象进行分类的结果与正确结果之间的偏差来调整自身的内部参数，以尽可能准确地对训练样本进行分类。②无监督模式识别则是指方法并不需要明确指出样本集中每个对象的正确类别，而是可以依据某些较为抽象普适的规则，来自行发现样本中存在的模式，例如，聚类分析就是典型的无监督模式识别方法。下面重点论述有监督模式识别。

对于一个典型的图像自动识别系统而言，经过预处理、分割和特征提取等步骤后，得到了一系列由输入图像中抽取出来的、以特征矢量加以描述的对象。为了使识别系统能够根据特征矢量对对象进行分类，那么首先需要设计和训练一个合适的分类器。分类器的类型和构架通常在系统的设计开发期间便被确定，而且一般在系统的使用过程中将不再改变。而分类器中的可调参数（如神经网络中的连接权值）的设置，一般是通过分类器的训练或说学习过程来完成的。学习过程可以在系统的设计开发期间由开发者根据某个训练样本来进行，并且训练得到的参数以相对固定的方式被储存于系统之中，而在系统今后的使用过程中不再改变，此时开发者可以选用适当的软件来完成学习；学习过程也可以在系统的使用期间定期或不定期地进行，以使系统能够针对特定用户的特定应用来不断提高识别能力，也使得系统更具智能性，但这就要求开发者在系统中自行实现学习算法。

训练样本中的正确分类标号一般由专家给出，即专家挑选出足够数量的样本图像，利用预处理、分割、特征提取等步骤获得若干对象区域及其对应的特征矢量，然后再从其中为每类对象选取出足够数量的样本，并人为确定各样本的正确类别。

学习过程通常不会以对训练样本分类百分之百正确而告终，而是规定一个可以接受的分类正确率，一旦分类器参数被调整到适当的取值，使得分类器对于训练样本的分类正确率达到了可接受的水平，则学习过程结束。不过，为了避免分类器对于训练样本出现所谓"过适应"的情况，通常会采用一个交叉验证的步骤来估计分类器的真实性能，做法包括：从已知正确分类的基准数据集中随机挑选 2/3 的样本构成训练样本，然后以之训练分类器；当分类器训练好后，再用基准数据集中剩余的 1/3 的样本构成检验样本，由分类器进行分类并观察分类准确率。如果训练好的分类器对于检验样本也能获得可接受的正确率，则认为分类器可用；否则便需要重新随机选择训练样本和检验样本，并重复学习过程。

（二）基于图像相关的匹配

一种简单而直接的识别方法是利用图像相关系数来进行匹配。这时，对每一个模式类，将选出一幅或者多幅称为"模板"的较小的子图像来作为代表，这些子图像能够恰好包括具有代表性的对象区域。例如，假设我们希望在图像中识别出蝴蝶和蜻蜓，那么对"蝴蝶"和"蜻蜓"这两个模式类，我们各自选择若干常见的、典型的蝴蝶和蜻蜓的图像，并从中抠取出正好包含了蝴蝶和蜻蜓区域的部分来作为模板。在进行匹配时，采取类似于图像卷积的方式，让各个模板说依次滑过当前图像 I 的每一个位置，并且在每个位置 (x, y) 处，均如下计算相关系数：

$$\gamma(x,y) = \frac{\sum\limits_{s,t}[f(x+s,y+t)-\overline{f}(x,y)][w(s,t)-\overline{w}]}{\sqrt{\left(\sum\limits_{s,t}[f(x+s,y+t)-\overline{f}(x,y)]^2\right)\left(\sum\limits_{s,t}[w(s,t)-\overline{w}]^2\right)}} \qquad (4\text{--}11)$$

式中，$y(x,y)$ 表示当模板的参考点处于图像中的（x，y）处时，模板与其覆盖住的图像子区域之间的灰度相关系数，$\overline{f}(x,y)$ 表示当前被模板覆盖的图像子区域内的平均灰度，$\overline{w}$ 则是模板的平均灰度。$\gamma(x,y)$ 的取值在 -1 到 1 之间，其值越大，则说明在对应位置上的图像内容与模板内容越匹配。在进行识别时，可以设定一个阈值，在计算得到了图像中每个位置处与某个模板的相关系数值之后，其中相关系数值大于该阈值的局部极大点，便给出了图像中与模板相匹配的位置，也就是说在图像的该位置处识别出了模板相应类别的对象。

基于图像相关的匹配虽然直观而且简单，但是其主要问题在于，当模板较大时，相关系数的求取将较为耗时。此外，模板匹配过程对于缩放和旋转变换是敏感的，如果希望在图像中找到某个特定类别的对象的不同大小和不同旋转角度的各个实例，那么就不得不针对各种可能的缩放和旋转参数而产生对应的模板，这将使得方法从计算效率的角度而言不具可行性，甚至有些时候我们将无法合理确定所有需要考虑的缩放和旋转参数。

（三）最小距离分类器与近邻分类器

1. 最小距离分类器

最小距离分类器对每一个模式类，都使用一个原型来代表该类，这个原型便是训练样本集中属于该类的所有样本的平均特征矢量：

$$\mathbf{m}_j = \frac{1}{N_j}\sum_{N_j}^{i=1}\mathbf{x}_i^{(j)}, j = 1,2,\cdots,W \qquad (4\text{--}12)$$

式中，W 表示模式类的数量，N_j 表示训练样本集中属于第 j 个模式类的样本数量，$\mathbf{x}_i^{(j)}$ 表示第 j 个模式类中的第 i 个对象的特征矢量，$\mathbf{m}_j$ 则表示第 j 个模式类的平均特征矢量。这样一来，最小距离分类器便用 W 个平均特征矢量概括了整个训练样本集，同时这些平均特征矢量也构成了训练好的最小距离分类器。

在利用最小距离分类器进行分类时，当一个类别未知的模式 $\mathbf{x}$ 到来后，分类器计算出该模式与各个平均特征矢量之间的距离：

$$D_j(\mathbf{x}) = \mathbf{x} - \mathbf{m}_j, j = 1, 2, \cdots, W \quad (4\text{-}13)$$

分类的结果如下：

$$\mathbf{x} \in \omega_i, \quad i = \arg\min_j D_j(\mathbf{x}) \quad (4\text{-}14)$$

式中，ω_i 表示第 i 个模式类，即将未知模式 x 归入与其距离最近的原型矢量 $\mathbf{m}_i$ 所对应的类别。

这一分类过程可以更一般地用决策函数或判别函数加以表达。设 $\mathbf{x} = (x_1, x_2, \cdots, x_n)^{\mathrm{T}}$ 为 n 维特征矢量，所考虑的模式类为 ω_1、ω_2、$\cdots\cdots$、ω_w。则分类器的设计和分类过程，就是找到 W 个判别函数 $d_1(\mathbf{x})$、$d_2(\mathbf{x})$、$\cdots\cdots$、$d_w(\mathbf{x})$。如果模式 x 属于模式类 ω_i，则有：

$$d_i(\mathbf{x}) > d_j(\mathbf{x}), \quad \forall j, 1 \leqslant j \leqslant W, j \neq i \quad (4\text{-}15)$$

模式类 ω_i 和 ω_j 之间的决策边界由方程 $d_i(\mathbf{x}) - d_j(\mathbf{x}) = 0$ 给出。也可以利用单一函数 $d_{ij}(\mathbf{x}) = d_i(\mathbf{x}) - d_j(\mathbf{x})$ 来判断输入的模式 x 属于两个模式类 ω_i 和 ω_j 中的哪一个：如果 $d_{ij}(\mathbf{x}) > 0$，说明 x 属于模式类说；如果 $d_{ij}(\mathbf{x}) < 0$，说明 x 属于模式类 ω_j；如果 $d_{ij}(\mathbf{x}) = 0$，则此时 x 正好落在了和之间的决策边界上。

对于最小距离分类器，相应的判别函数如下：

$$d_i(\mathbf{x}) = \mathbf{x}^{\mathrm{T}}\mathbf{m}_i - \frac{1}{2}\mathbf{m}_i^{\mathrm{T}}\mathbf{m}_i \quad (4\text{-}16)$$

类 ω_i 和 ω_j 之间的决策边界如下：

$$d_{ij}(\mathbf{x}) = \mathbf{x}^{\mathrm{T}}\left(\mathbf{m}_i - \mathbf{m}_j\right) - \frac{1}{2}\left(\mathbf{m}_i - \mathbf{m}_j\right)^{\mathrm{T}}\left(\mathbf{m}_i - \mathbf{m}_j\right) = 0 \quad (4\text{-}17)$$

式（4-17）给出的便是 $\mathbf{m}_i$ 和 $\mathbf{m}_j$ 之间的中垂超平面。

2. 最近邻分类器

最近邻分类器与最小距离分类器类似，都是通过计算未知模式 x 到各个模式类的某个代表点之间的距离来确定其归属。但不同于最小距离分类器，在最近邻分类器中，每个模式类的所有训练样本点都被保留下来作为该类的代表点，因此，与未知模式 x 最为接近的那一个训练样本点所属的模式类，就被作为 x 所属的模式类。相应的判别函数如下：

$$d_i(\mathbf{x}) = \max_{1 \leqslant k \leqslant N_i} \left\{ \mathbf{x}^{\mathrm{T}} \mathbf{x}_k^{(i)} - \frac{1}{2} \left(\mathbf{x}_k^{(i)} \right)^{\mathrm{T}} \mathbf{x}_k^{(i)} \right\}, i = 1, 2, \cdots, W \qquad （4-18）$$

式中，N_i 表示训练样本集中第 i 个模式类的样本数量，$\mathbf{X}_k^{(i)}$ 表示属于第 i 个模式类的第 k 个训练样本。

（四）BP 神经网络分类器

1. BP 网络的主要结构

神经网络的基本组成单元是以圆圈标出的、称为"神经元"的网络节点，如图 4-1 所示[①]。

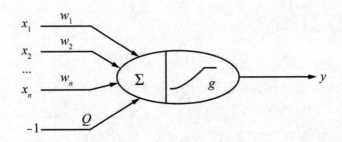

图 4-1　神经元的模型

每个神经元具有多个输入 x_i，这些输入经不同的权值 ω_i（即相应的输入与神经元之间连线的"连接权值"）加权后，经累加形成神经元所受到的总的输入激励，输入激励与神经元的激活阈值 θ 相比较后，通过称为"激活函数"的函数映射 g 产生相应的神经元输出 y 即：

$$y = g\left(\sum_{i=1}^{n} w_i x_i - \theta \right) \qquad （4-19）$$

在 BP 网络中常用的激活函数为 S 型函数：

$$g(z) = \frac{1}{1 + \mathrm{e}^{-\beta z}} \qquad （4-20）$$

BP 网络是使用误差反向传播学习算法的前馈神经网络的简称，前馈神经网络由多层神经元组成，其中第一层称为输入层，最后一层称为输出层，而其间各层称为隐含层。在前馈神经网络中，除输出层外的每一层的各个神经元输出

---

① 本节图表引自郭斯羽. 面向检测的图像处理技术 [M]. 长沙：湖南大学出版社，2015：151-159.

都直接作为下一层的输入，通过不同的连接权值与下一层的每个神经元相连。各层之间不存在任何逆向的连接，即不存在神经元的输出至输入的任何反馈。相邻两层之间的连接权值可用一个权值矩阵加以表示。令 $\mathbf{W}^{(r)}$ 表示前馈神经网络中第 r−1 层（输入层为第 0 层，第一个隐含层为第 1 层，以此类推；如果有 l 个隐含层，则输出层为第 l+1 层）至第 r 层之间的连接权值矩阵，则：

$$\mathbf{W}^{(r)} = \left[w_{ij}^{(r)} \right]_n^{(r-1)} \times n^{(r)} \qquad (4-21)$$

式中，$w_{ij}^{(r)}$ 表示第 r−1 层中的第 i 个神经元输出与第 r 层中第 j 个神经元之间的连接权值，$n^{(r-1)}$ 和 $n^{(r)}$ 分别为第 r−1 层和第 r 层中的神经元数量。

2. BP 网络的设计训练

神经网络设计的主要问题是确定适当的网络层数、各隐含层的节点数、输出节点数及对输出的解释方式。对于神经网络分类器而言，网络的输入个数（以及输入层的神经元个数）通常取所选用的特征矢量的维数，而网络输出的常用设计，则是将输出个数（以及输出层的神经元个数）取为模式类的个数 W，其中第 i 个输出神经元负责对模式类 ω_i 中的模式产生强响应。理想状况下，如果输入模式属于模式类 ω_i，则网络的第 i 个输出神经元应输出 1，而其他所有输出神经元的输出为 0。当然，网络输出通常难以达到如此理想的状态，不过可以通过响应最强的输出神经元来给出分类的结果。

BP 网络中每一层权值的学习规则采用梯度下降法。在学习过程中，网络对训练样本集中的样本进行分类，并将网络的实际输出与期望输出（正确分类所对应的网络输出）加以比较，计算出均方误差，然后根据均方误差调整输出层与最后一个隐含层之间的连接权值，并将输出误差根据权值逐层反向分配至之前各层的输出处，进而调整之前各层的连接权值，最终使得网络的实际输出与期望输出之间的均方误差达到最小。

连接权值的调整分为逐样本调整和批处理等两种方式。逐样本调整是指每次输入一个训练样本后，便根据该样本的输出误差调整权值；批处理则是值当整个训练样本集中的所有样本的输出误差都已经得到之后，再根据总误差来调整权值。下面就逐样本调整的方式来给出 BP 网络的学习过程。

假设在进行到学习过程的第 k 次迭代时，对应此时的输入样本的输出误差如下：

$$\delta_j^{(l+1)} = y_j - y_j^{(l+1)}, j = 1, \cdots, n^{(l+1)} \qquad （4-22）$$

式中，y_j 表示神经网络对于当前输入样本的第 j 个输出的期望输出，$y_j^{(l+1)}$ 表示输出层的第 j 个输出的实际输出。输出层（第 $l+1$ 层）与最后一个隐含层（第 l 层）之间的连接权值的调整量为：

$$\Delta w_{ij}^{(l+1)} = \eta \cdot \delta_j^{(l+1)} \, g' \left(\sum_{k=1}^{n^{(l)}} w_{kj}^{(l+1)} y_k^{(l)} \right) y_i^{(l)} \qquad （4-23）$$

式中，$y_i^{(l)}$ 表示第 l 层中第 i 个神经元的输出，h 是一个用户给定的学习速率因子，g 为网络所使用的激励函数。

对于输出层之前的各层，误差的反向传播为：

$$\delta_j^{(r)} = \sum_{i=1}^{n^{(r+1)}} w_{ij}^{(r+1)} \delta_i^{(r+1)}, j = 1, \cdots, n^{(r)} \qquad （4-24）$$

而根据反向传播的误差进行的相应层的权值调整量为：

$$\Delta w_{ij}^{(r)} = \eta \cdot \delta_j^{(r)} \, g' \left(\sum_{k=1}^{n^{(r-1)}} w_{kj}^{(r)} y_k^{(r-1)} \right) y_i^{(r-1)} \qquad （4-25）$$

当逐个对训练样本集中的每个训练样本按式（4-22）~（4-25）进行了相应的权值调整后，就完成了对训练样本集的一次训练过程。该训练过程将重复进行多次，直至总的输出误差达到一个可接受的水平，或者总的训练次数达到某个预先设定的最大次数为止。

二、图像分割

在图像处理中，我们往往只对图像中的某些特定部分感兴趣，这些特定部分常称为目标或对象。对象通常对应于图像中特定的、具有独特性质和语义内涵的区域，它们对于图像内容的分析和理解具有重要作用。图像分割便是将图像中的各个对象区域与其他部分细分开来的过程。

图像的全自动分割是图像处理中最为困难的任务之一，分割的好坏决定了之后的图像分析和理解过程的难易和成败，因此对于图像分割准确性的关注，不仅仅要从单纯的预处理和分割算法来加以考虑，而且只要有可能就应该从成像系统的设计与实现乃至整个应用系统的角度来加以考虑，以使得分割过程能够尽可能地简单可靠。

图像分割算法一般是根据图像亮度值的不连续性或相似性来进行的，前者的典型例子就是图像边缘检测，而包括阈值分割、区域生长、区域分离与合并等都可以归入后者的范畴。当然，其他的图像特征如颜色、纹理等也常常被用于图像分割，但从基本思路而言，与利用亮度值的分割方法具有相当程度的共通性。

（一）阈值分割

阈值化同时也是一种基本的分割方法，其分割依据在于，在许多图像中，我们所感兴趣的同一个对象区域中，其像素灰度通常分布于一个灰度级区间之内，而且这个灰度级区域与包围该对象区域的其他对象区域或背景区域所占据的灰度级区间存在较为显著的差异。

设给定 N 个特定的灰度值 $t_0 = 0 \leqslant t_1 < t_2 < \cdots < t_N \leqslant L = t_{N+1}$，称为阈值，则利用这一^组阈值对图像 $f(x, y)$ 进行分割所得到的图像 $g(x, y)$ 为：

$$g(x,y) = T[f(x,y)] = s_k, t_k < f(x,y) \leqslant t_{k+1}, k = 0,1,\cdots,N \qquad （4-26）$$

其中 s_0、s_1、……、s_N 为 $N+1$ 个不同的灰度值。在经过了这样的分割之后，结果图像中具有相同灰度值且相互连通的像素点便构成了一个对象区域。在最为简单也最为常见的情况下，我们可以利用一个单一的阈值 t 来对图像进行分割，且结果图像的灰度级在 {0，1} 中取值，即：

$$g(x,y) = T[f(x,y)] = \begin{cases} 1 & f(x,y) > t \\ 0 & f(x,y) \leqslant t \end{cases} \qquad （4-27）$$

此时得到的实际是一幅二值图像，通常对象区域标记为 1，而背景区域标记为 0。如果图像中的对象区域较背景区域为暗，则将阈值化的结果取反即可。对于阈值分割而言，关键问题在于如何确定分割阈值。各种不同的阈值确定方法，便对应了不同的阈值分割方法。

1. 固定阈值分割法

固定阈值分割方法最为简单，即由用户通过计算或实验得到一个固定的分割阈值，然后在之后所有采集到的图像上均应用该阈值来完成分割。这种方法虽然简单，但如果能够对所采集的图像内容进行较好的控制，则它将是一种十分便捷而且可靠的方法。例如在工业检测领域便经常有可能出现这样的可控的分割应用，通过适当设计检测系统，可以保证对象即被检物（如需要进行合格性检测的零件）能够以稳定的灰度分布范围出现在相对简单且灰度分布范围同样稳定的背景（如传送带）之上，那么此时通过实验来获取一个固定阈值，并以之来实现被检物和背景的分离，将是十分有效的方法。

2. 迭代法

当图像内容难以控制时，固定阈值法便通常不可行，此时需要一种能够根据图像实际内容来获取针对当前特定图像的分割阈值的方法。一种简单的阈值自动计算方法便是迭代法，其步骤如下：

（1）选择一个初始阈值 t_0，置当前分割阈值 $t=t_0$。

（2）利用 t 对图像进行分割，并将图像中的所有像素互斥地分为对象像素集 G_O 和背景像素集 G_B。

（3）计算 G_O 和 G_B 中所有像素的平均灰度值 μ_O 和 μ_B。

（4）计算新的分割阈 $t=(\mu_O+\mu_B)/2$。

（5）重复步骤二到四，直至相邻两次迭代所得的阈值之差小于某个事先给定的参数 $\Delta t_{\min}$。

初始阈值的选取较为宽松，取图像的实际灰度分布范围的中间值通常是一个不错的选择。

3. 最大类间方差法

最大类间方差法又称为大津法或 Otsu 法。给定阈值 t，将图像的全部像素互斥地分为了对象像素集 G_O 和背景像素集 G_B。假设这两个像素集中各有 $w_O(t)$ 和 $w_B(t)$ 个像素，且各自的平均灰度分别为 $\mu_O(t)$ 和 $\mu_B(t)$，各自的灰度分布方差分别为 $\sigma_O^2(t)$ 和 $\sigma_B^2(t)$，则最大类间方差法将寻找使得类内方差为最小的阈值 t^*，即：

$$t^* = \operatorname*{argmin}_t \sigma_E^2(t) = \operatorname*{argmi}_1 w_O(t)\sigma_O^2(t) + w_B(t)\sigma_B^2(t) \tag{4-28}$$

在实际中，由于可取的离散灰度级数量有限，因此可以对所有可能的离散灰度级均分别求出相应的类间方差，然后再寻找其中使得类间方差为最大的一个灰度级作为分割阈值。最大类间方差法是在实际中得到较为广泛使用、效果较好的成熟算法。

4. 最佳熵阈值分割法

最佳熵阈值分割利用图像的灰度直方图分布的熵量度来确定分割阈值。有多种确定熵量度的方法，在此介绍其中一种。

设阈值 t 将图像的全部像素互斥地分为了对象像素集 G_O 和背景像素集 G_B，各有 $w_O(t)$ 和 $w_B(t)$ 个像素。则背景和对象像素出现的先验概率分别如下：

$$P_B(t) = \frac{w_B(t)}{w_B(t) + w_O(t)} = \frac{w_B(t)}{N} = P(t) \tag{4-29}$$

$$P_O(t) = \frac{w_O(t)}{w_B(t) + w_O(t)} = 1 - P(t) \tag{4-30}$$

而在背景和对象像素集中，各个不同灰度级出现的概率分布分别如下：

$$\left\{ \frac{p_i}{P(t)} \mid i = 0, 1, \cdots, t \right\} \tag{4-31}$$

$$\left\{ \frac{p_i}{1 - P(t)} \mid i = t+1, t+2, \cdots, L-1 \right\} \tag{4-32}$$

其中，L 为可取的灰度级个数，p_i 为根据直方图归一化处理得到的归一化直方图中的相应元素。依据上述公式可知：

$$P(t) = \sum_{i=0}^{t} p_i \tag{4-33}$$

根据背景和对象的灰度分布，可以求得这两个分布所对应的 $H_B(t)$ 和 $H_O(t)$ 分别为：

$$
\begin{aligned}
H_B(t) &= -\sum_{i=0}^{t} \frac{p_i}{P(t)} \ln \frac{p_i}{P(t)} = -\frac{1}{P(t)} \sum_{i=0}^{t} \left[p_i \ln p_i - p_i \ln P(t) \right] \\
&= \frac{\sum_{i=0}^{t} p_i}{P(t)} \ln P(t) + \frac{-\sum_{i=0}^{t} p_i \ln p_i}{P(t)} = \ln P(t) + \frac{H(t)}{P(t)}
\end{aligned} \tag{4-34}
$$

$$H_O(t) = -\sum_{i=t+1}^{L-1} \frac{p_i}{1-P(t)} \ln \frac{p_i}{1-P(t)} = \ln[1-P(t)] + \frac{-\sum_{i=t+1}^{L-1} p_i \ln p_i}{1-P(t)}$$

$$= \ln[1-P(t)] + \frac{\left(-\sum_{i=0}^{L-1} p_i \ln p_i\right) - \left(-\sum_{i=0}^{t} p_i \ln p_i\right)}{1-P(t)} \qquad (4\text{--}35)$$

$$= \ln[1-P(t)] + \frac{H - H(t)}{1-P(t)}$$

其中：

$$H(t) = -\sum_{i=0}^{t} p_i \ln p_i, H = -\sum_{i=0}^{L-1} p_i \ln p_i \qquad (4\text{--}36)$$

在阈值 t 的分割之下，分割图像的总熵为：

$$H_T(t) = H_B(t) + H_O(t) = \ln P(t)[1-P(t)] + \frac{H(t)}{P(t)} + \frac{H - H(t)}{1-P(t)} \qquad (4\text{--}37)$$

而最佳熵阈值分割法所给出的阈值 t^* 为：

$$t^* = \underset{t}{\mathrm{argmax}}\, H_T(t) \qquad (4\text{--}38)$$

（二）基于区域的分割

1. 区域生长

区域生长是一个根据预先定义的同质性准则将像素或子区域合并为更大区域的过程。其基本方法是从一组"种子点"开始，然后将与种子点性质相似（如灰度或颜色相似）的相邻像素逐步添加到生长区域之中。

种子点的选取通常根据具体问题的性质来进行，以尽可能确保所选种子点确实落在了感兴趣的对象区域内部。例如可以采用更为保守的阈值来进行阈值分割，并将分割得到的区域作为种子点。

相似性准则的选取与问题本身以及实际获得的图像数据有关。常用的相似性准则包括灰度、颜色、纹理等局部特征上的相似。当然，也可以根据实际问题中感兴趣对象的特性来确定。

区域生长的另一个问题是如何公式化一个终止规则。一般而言，当没有更多像素能够满足加入某个区域的条件时，区域生长便告停止。单纯使用灰度、颜色和纹理等特性的区域生长一般都未考虑区域生长的历史，而其他改进了的区域生长算法则会把有可能加入区域的待选像素的特征与已加入区域的像素的相似性（如已生长区域的平均灰度或颜色等）以及生长区域的形状考虑在内。

2. 区域分离与合并

区域生长由一组种子点开始，逐步扩张得到更大的分割区域，而区域分离与合并则从一个大的区域开始，逐步将其拆分为更细小的区域，并在拆分过程中对相邻的相似区域加以合并来完成分割。

设过程开始时整幅图像区域 R 被分割为一个区域。区域分离过程的一种典型做法，便是不断将每个不满足同质性的分割区域都细分为四等分，直至所有分割区域均满足同质性条件，即对任何区域 R_i，有 $P(R_i)$ =TRUE。这种分割方法使用所谓的四叉树数据结构来加以表示将最为方便，树中的每个节点对应于一个分割区域，节点之间的父子关系则表示了区域及其子区域之间的包含 / 被包含关系。

以上拆分过程给出的结果中，可能包含相邻且性质相同的区域。通过区域聚合可以弥补该缺陷，即如果拆分得到的两个相邻区域 R_i 和 R_j，满足 $P(R_i \cup R_j)$ =TRUE 时，便将 R_i 和 R_j，合并为一个分割区域。自然，合并后的分割区域不需要进一步细分。

第四节　视觉图像增强与压缩技术

一、视觉图像增强技术

图像增强的目的是对图像进行处理，使之比原始图像更适合于特定的应用场合，也正是由于这一"特定"性，因此尚不存在图像增强的通用理论。如果图像增强的目的是供观察者观察并由观察者来判断方法的效果时，此时的图像增强结果的评价便是一个高度主观的过程；而如果是为了计算机的自动识别和控制等目的增强图像时，则评价任务便相对简单且客观一些，例如可以根据最终的识别和控制的精度来加以评判。

（一）灰度变换

第一，反色变换。色变换为可以使图像发生颜色的反转。虽然反转后图像的客观对比度与反转前并无区别，但由于人类视觉感知的特点，当在黑色背景占主导地位而希望观察较亮的细节时，使用反色变换可以使得观察变得更为容易。

第二，对数变换。使用对数变换可以扩展原图中较暗的灰度级所占据的灰度级范围，从而提高较暗部分的对比度；相对地，原图中较亮的灰度级范围被压缩。对数变换最大的特征是它可以很大程度上压缩图像像素值的动态范围，它最为典型的应用便是利用图像的方式来显示傅里叶频谱。对于一般图像而言，其傅里叶频谱的动态范围常可达 $0 \sim 10^6$ 乃至更高，在这样大的动态范围下，如果采用直接的方式来显示傅里叶频谱，那么占频谱绝大多数部分的较小的值将无法以人们所能察觉的灰度值被显示出来。对此常用的做法便是对傅里叶频谱进行对数变换，从而使得频谱中大部分重要的细节得以显现。

第三，分段线性变换。反色变换与对数变换形式相对确定，可调范围较小，例如对数变换只有一个参数可供调整变换效果，而反色变换则根本不可调。分段线性变换为灰度调整提供了更大的灵活性，实际上，分段线性变换可以按任意精度逼近任意的灰度变换，只不过此时可能需要很多的用户输入。

在某些应用中希望提高特定灰度范围的亮度，分段线性变换可以达到更为突出地显示相应图像部分的目的。灰度切割是可以实现这一目标的手段之一。灰度切割的两个基本方法包括：①将所有落在关心的灰度范围内的灰度指定为一个较亮的值，而其他灰度范围内的灰度指定为一个较暗的值，此时灰度切割实际上产生了一幅二值图像；②将所有落在关心的灰度范围内的灰度提高到一个较亮的值，其他灰度范围内的灰度则保持不变。

（二）直方图处理

直方图是图像信息的一个压缩版本，而且这一压缩是不可逆的，所有像素的空间位置信息全部被丢弃，而仅保留了各个灰度级的出现频率信息。尽管如此，仅仅利用直方图也可以有效进行图像增强，并为其他图像处理工作提供了有用的图像统计信息。

1. 直方图均衡

在暗色图像中，直方图的分布集中在低灰度级的一侧；在明亮图像中则相反，直方图分布集中于高灰度级的一侧；在亮度居中的低对比度图像中，直方图分布集中于具有中等灰度值的一个狭窄的灰度范围内。这样的图像给人的总体感觉是质量不佳，对比度不够锐利清晰，而他们的直方图所共有的特征是直方图分布未能充分利用整个可用的灰度级范围，而仅使用了一个相对较小的灰度级范围来显示图像内容。而在高对比度的清晰图像中，直方图基本分布于整个可用的灰度级范围，而且在各个灰度级上的取值也较为均匀。因此仅根据直方图的分布情况，我们可以大致估计出图像的对比度情况以及图像的视觉质量，而且也可以利用直方图来指导设计灰度变换函数来增强图像。

图像可用的灰度级范围实际上是一种宝贵的"资源"：如果图像中的某些像素能占据越大的灰度级份额，这些像素点之间的对比度就有可能越高。如果我们现在对于图像中的内容没有任何先验知识，也就是说任何灰度级的像素对于图像信息的贡献都只能被认为是同样重要的，那么要使得图像内容都能够以尽可能高的对比度清晰表示的话，最为可靠的办法莫过于根据某个灰度区间内的像素数量占图像总像素数量的比例，来赋予相同比例的可用灰度级范围。而满足这一条件的直方图是一个均匀分布形式的直方图。如何根据输入图像的实际直方图分布，找出一个合适的灰度变换，使得变换后的图像的直方图呈均匀分布，这便是直方图均衡化所完成的工作。

2. 直方图匹配

直方图均衡化又称为直方图规定化，它可以全自动地将输出图像直方图转化为均匀直方图。当对于图像中的重要信息灰度级没有了解时，这种做法是合理的。但是，在特定的应用中，我们可能并非对图像内容一无所知。在这种情况下，一律将直方图均衡化为均匀直方图可能就并非最佳方法，而更为合理的方法，则是将输出图像的直方图转化为某个人为指定的特定形状。这种用于产生特定直方图分布的直方图处理方法，称为直方图匹配，又称直方图规定化。

3. 自适应直方图

直方图均衡与直方图匹配都是全局性的方法，即对于图像中的每个像素，都使用同一个灰度映射来进行变换。全局方法可对整幅图像进行增强，但是对于图像中较小的细节而言，由于其局部的灰度分布在全局的灰度分布中可能被淹没，而无法在全局的直方图中体现出统计上的重要性，因此使用全局方法可能无法有效增强这样的细节。要处理这一问题，就需要引入自适应直方图处理，即根据每个像素附近一个局部内的直方图来确定其灰度映射，从而使得方法具有空间上的自适应性。

一种直接的自适应直方图处理方法，便是对每个像素，根据其附近一个邻域内的灰度直方图，利用直方图均衡化或匹配方法来确定其特有的灰度变换，即根据局部直方图计算出灰度映射关系，然后将当前需要进行变换的像素根据映射到相应的灰度级，而对邻域内的其他像素不进行操作。当然也可以使用不重叠的子区域来确定每个子区域内各像素点的灰度映射关系，不过这种做法往往会带来棋盘效应，即在子区域交界处出现明显的差别。

另一种自适应直方图处理方法是在图像中以一定间隔抽取若干像素点作为代表点，并且这些像素点构成了一个粒度较大的矩形网格。对每个代表点，根据其附近某个邻域（该邻域不一定要与网格大小相同）内的灰度直方图得到灰度映射关系。而对于其他的像素点，则考察它所处的网格，利用该网格的四个顶点（网格的顶点即为代表点）处的映射关系进行双线性插值，从而获得该像素点的变换后的灰度值。

（三）噪声模型

数字图像中的噪声主要来自图像获取及传输过程，例如图像传感器本身受环境温度影响而形成的热噪声，以及图像传输过程中传输信道受到外界干扰而产生的噪声污染等。在许多应用中，一般可以比较可靠地假设图像中的随机噪声与空间位置无关，并且与图像本身也无关，即噪声与像素值之间不相关。要注意，在某些已知的特定应用中，这样的假设并不成立，如 x 射线和核医学成像便是如此。

第一，随机噪声。随机噪声包括高斯噪声、均匀噪声、脉冲噪声、瑞利噪声、伽马噪声、指数噪声等。随机噪声可通过概率密度函数（PDF）加以描述，即将随机噪声的幅值视为一个随机变量时，该随机变量所服从的 PDF。随机噪声的 PDF 参数一般可由传感器的技术说明书中获得，不过也可以采用实验的方式估计整个成像系统的随机噪声参数。例如可以对一个平坦的、灰度和光照均匀的表面进行拍摄，然后由拍摄得到的数字图像来估计随机噪声的类型和参数。对于脉冲噪声而言，一般应选择一个具有中等灰度的拍摄对象，以可靠地估计出正负两个脉冲的发生概率。

第二，周期噪声。图像中的周期噪声通常是由于图像获取过程中的电力或机电干扰所造成。周期噪声不同于随机噪声，它具有空间位置的依赖性。当周期噪声足够强时，图像中将出现某个方向或某些方向上有规律的明暗波动。

第三，噪声参数的估计。周期噪声的参数一般通过图像的频谱来进行估计，强烈的周期噪声常常以比较明显的峰值在频谱中表现出来。

（四）空间滤波

在信号处理领域，滤波器常常用来指称从信号中移除掉某些部分的算法或器件，因此其含义非常广泛，也频繁出现在许多场合。空间滤波的过程为：滤波器的参考点逐点扫描图像中的每个像素点，在每个扫描到的位置上，根据滤波器窗口所覆盖住的图像像素值来计算出一个新的像素值，作为当前参考点处像素的滤波后的值。

1. 平滑空间滤波器

平滑滤波器可以减小图像噪声，并将图像中的细节模糊和融合，例如将图像中的一些不重要的细节、大块区域之间的细小连接或缝隙加以去除等。

（1）均值滤波器。使用算术平均滤波器可以滤除图像噪声的原理在于，对于绝大多数实际中需要处理的图片而言，图像中的绝大部分可视为灰度均匀或变化缓慢的区域，其上叠加了在空间上相互独立、零均值且同分布的随机噪声。因此，当某像素点及其附近一个邻域内的其他像素点灰度值进行平均后，空间上相互独立的零均值同分布随机噪声经过算术平均将更接近于0，而所得的均值则体现了邻域内的真实灰度的平均值，由于对图像中的绝大部分区域而言，一个较小的邻域范围内的真实灰度值基本为一恒值，因此，以上所得的算术平均值也就基本体现了被滤波像素点处的真实灰度值。

（2）统计排序滤波器。均值滤波器比较适合处理高斯噪声、均匀噪声等幅值相对集中于较低水平的随机噪声，但是并不十分适合于椒盐噪声的处理，因为椒盐噪声的强度相对很强，能够使得包含椒盐噪声的邻域内的均值发生明显的变化。要有效处理椒盐噪声，需要能够更为彻底地消除明显突出的噪声影响的方法。统计排序滤波器便是这样一类滤波器，它是非线性空间滤波器，其滤波结果根据滤波器邻域内像素灰度值排序后的结果来给出。

由于中值滤波器仅取领域中的某一个适中的灰度值作为滤波结果，而完全舍弃了其他灰度值，因此，当邻域中存在着幅值比较极端但分布较为稀疏的噪声时，中值滤波器将完全忽略这些噪声而不受影响，这与邻域均值明显受到极端噪声的影响的情况形成了鲜明对比。

2. 锐化空间滤波器

平滑空间滤波器使得图像中的灰度改变变得更为平缓，从而模糊图像中的细节，使得图像显得更为平滑柔和。与之相反，锐化空间滤波器则是通过增强图像的对比度、提高局部灰度变化的尖锐程度，来突出图像中的细节或增强被模糊的细节。利用均值的平滑空间滤波器，其计算过程与积分类似，由此便可以断定，锐化处理的计算过程将类似于微分操作。

（五）频域滤波

空间域的滤波操作直接在图像像素上进行，通过修改像素灰度值来达到滤波的目的。与之不同，频域滤波则是在图像经过傅里叶变换后得到的系数集上进行，然后通过傅里叶逆变换而得到滤波后的图像。对线性滤波器而言，空间域滤波和频域滤波之间存在着重要的等价关系，因此频域滤波器的滤波操作总存在着相应的空间滤波器，而常用的空间滤波器的尺寸一般较小，因此采用空间滤波通常比频域滤波更有效。但是频域滤波操作对于理解滤波器的运作机制而言，仍然具有直观而重要的意义。而且，利用图像以及滤波的频域解释，可以更为方便地实现若干在空间域中难于甚至是不可能直接表述的增强任务。

对于滤波器的设计而言，频域滤波提供了一种更为直观的视角。一般来说，图像中的边缘或噪声等灰度变化相对尖锐的内容，即灰度随着空间位置变化而"快速"变化的内容，从频率的角度来说，这些"快速"变化的图像部分便对应于傅里叶变换中的高频成分；而周期性噪声这样的特殊的图像内容更是直接对应于傅里叶变换中的特定频率分量。因此，我们可以在频域中设计滤波器，从而针对不同的频率分量进行衰减或增强，以达到去除或强化某些特定图像内容的目的，而如果是直接在空间域中来进行这样的滤波器设计，其难度将非常大。一旦设计好了频域滤波器，并发现采用空间滤波的计算效率更高的话，便可将频域滤波器进行傅里叶逆变换来得到相应的空间域表达，并截取其中基本包含了滤波器"本质"的相对很小的部分来作为空间域滤波器，并通过与图像进行卷积来完成滤波。

图像平滑操作的主要目的是使得图像中灰度尖锐变化的部分变得更为平滑"缓慢"。灰度尖锐变化的图像部分对应于傅里叶变换中的高频部分，因此，从频域的角度看，平滑滤波器的作用主要是对高频部分进行衰减，所以可以使用频域中的低通滤波器来达到图像平滑的目的。

人眼在图像中所感知的清晰、锐利的轮廓或边缘，代表了图像信号中"快"的变化，从而对应了图像傅里叶变换中的高频分量。换言之，要使得图像中得以形成清晰的边缘，图像的傅里叶变换中必须具有足够的高频分量成分。然而在理想低通滤波器（ILPF）的情况下，所有频率超过截止频的频率分量都被滤除，因此滤波结果图像中缺少必要的高频成分来叠加出清晰的边缘，而此时的图像仅为低频分量的加权叠加，而这些低频分量在图像中表现出来的，便是人眼可以感知得到的具有一定周期性的灰度明暗变化。对于二阶巴特沃思低通滤波器（BLPF）和高斯低通滤波器（GLPF），由于他们对于高频分量仍然有所保留。因此，在对应的滤波结果中，或者没有振铃的存在，或者仅有轻微的振铃。

二、视觉图像压缩技术

随着数字图像处理技术逐渐深入到人们的生产生活的几乎各个方面，每时每刻都有着新的数字图像数据被产生出来并需要加以传输和存储。数字图像的数据量往往非常大。例如现在较为主流的 1500 万像素（4472 × 3354 像素）分辨率的数码相机，所拍摄的每一幅 RGB 彩色图像的原始数据量便可达到 42.9MB；即使是在 1MB/s 的传输速率下，传输一幅相片也需要 40 多秒的时间；如果是对图像进行存储，则 1 张 8GB 大小 SD 卡也仅能存放 300 余幅图片。而实际上，在很多常见的应用中所遇到的并非单幅图像，而是较长时间的视频图像（例如视频监控、DV 摄像等）以及多光谱图像（例如遥感监测），此时的图像数据量更是随着时间的增长而急速增加。如此大的图像数据量，为图像的存储和传输带来了极大困难，使得图像压缩成为数字图像处理中的一项关键性的技术。

图像压缩的目的在于使用尽可能少的数据量来表示数字图像或至少是数字

图像中的关键信息。减少数据量的基本思路是去除图像中多余的数据，即存在于广泛的数字图像中的各种"冗余"。从数学的角度来看，图像压缩的过程实际上就是将原始的二维图像像素数据阵列变换为一个统计上无关的数据集合，这些统计无关的数据集合中包含了图像的全部或关键的信息，并能使用更少的数据量来表达。同时，压缩后的数据还能通过一个逆变换过程即解压缩过程还原得到原始图像或者原始图像的一个近似。

（一）图像压缩中的数据冗余

"数据压缩"这一术语指减少表示给定信息量所需要的数据量。数据和信息是意义不同的两个概念，必须清晰地加以区分。数据指信息的传送手段。相同量的信息可以通过不同量的数据加以表示。例如同样意思的话，用汉语和英语来加以叙述，在一般的字符编码方式下，就可能需要不同的数据量；类似地，对于同一件事情，两个不同的人通常会给出两种不同的描述，有的简练，有的繁冗，而繁冗的描述将比简练的描述包含更多的无用数据，即数据冗余。

数据冗余是数字图像压缩要处理的主要问题。数据冗余可以在数学上加以量化。如果 n_1 和 n_2 代表两个表示了相同信息的数据集合中数据的数量，则第一个数据集合（即数据量为 n_1 的数据集合）的相对数据冗余定义为：

$$RD = 1 - \frac{1}{CR} \tag{4-39}$$

式中，CR 称为压缩率，由下式给出：

$$CR = n_1 / n_2 \tag{4-40}$$

如果 $n_1 = n_2$，则 $CR=1$，$RD=0$，代表信息的第一种表达方式（相对于第二种方式）的冗余数据量为 0，即没有冗余数据；如果 $n_2 \ll n_1$，则 $CR \to \infty$，$RD \to 1$，表明此时第一种信息表达方式中包含了大量的冗余数据，而通过第二种表达方式来描述信息可以得到显著的压缩效果；如果 $n_2 \gg n_1$，则 $CR \to 0$，$RD \to -\infty$，表明第二种信息表达方式不但没有对第一种方式加以压缩，反而引入了大量的冗余数据，造成了数据扩展。

在数字图像压缩中，有三种基本的数据冗余：编码冗余、像素间冗余和心理视觉冗余。通过减少或消除这三种冗余中的一种或多种时，便能实现数据压缩。

1. 编码冗余

编码是符号系统（字符、数字、位以及类似的符号），用于表示信息的主体或事件的集合。每个信息或事件都被赋予一个编码符号序列，称为码字。每个码字中符号的个数即为该码字的长度。下面将通过一个例子论述编码冗余，现有一幅256灰度级图像见表4-1[①]。

表4-1　256灰度级图像

21	21	21	21	97	154	223	223
21	21	21	21	97	154	223	223
21	21	21	21	97	154	223	223
21	21	21	21	97	154	223	223
8	49	49	49	133	133	133	255
8	49	49	49	133	133	133	255
8	49	49	49	133	133	133	255
8	49	49	49	133	133	133	255

如果我们直接使用通常的8位的方式来表示图像，则每个像素需要8比特。但是，观察图像中的像素值可以发现，用8位来表示的256个灰度级中的大部分其实都并未在该图像中出现，而图像中真正使用到的灰度级仅为8种。由于$2^3=8$，因此我们可以很自然地考虑使用3比特来对这幅图像中所出现的8中特定灰度加以编码，如此一来，每个像素只需要3比特便能完成编码。对于具有m个灰度级的图像而言，"自然"的编码方式便是使用$\log_2 m$比特的等长编码。

不过进一步观察图像便能发现，图像中不同的灰度值出现的概率并不相同。例如，灰度值21出现的概率为16/64=1/4，而灰度值255出现的概率则为4/64=1/16。显然，为了使得表示一幅图像数据所需的总比特数更小，更加合理的做法是用较少的比特数来编码出现概率较大的灰度值，而用较多的比特数来编码出现概率较小的灰度值。根据这一编码方式，每个像素的平均编码长度为

$$L_{agg} = 2 \times \frac{1}{4} + 2 \times \frac{3}{16} + 2 \times \frac{3}{16} + 3 \times \frac{1}{8} + 4 \times \frac{1}{16} + 5 \times \frac{1}{16} + 6 \times \frac{1}{16} + 6 \times \frac{1}{16} = 2.9375（比特）$$

[①]　本节图表引自郭斯羽. 面向检测的图像处理技术 [M]. 长沙：湖南大学出版社，2015：161-182.

相比于 3 比特的自然编码方式，使用以上变长编码可以得到的压缩率为 3/2.9375=1.021，即相比于变长编码方式，3 比特的自然编码存在约 2% 的编码冗余，冗余水平为 RD=1-2.9375/3=0.021。

图像中不同灰度值的出现概率可以方便地由图像的灰度直方图进行归一化处理后获得：

$$p_r(r_k) = \frac{n_k}{n}, k = 0,1,\cdots,L-1 \qquad （4-41）$$

式中，r_k 为一个表示图像灰度级的离散随机变量，L 为灰度级个数，n_k 为第 k 个灰度级在图像中出现的次数，n 为图像中的像素总数，$p_r(r_k)$ 表示 r_k 出现的概率。如果用于表示 r_k 值的编码长度为 $l(r_k)$ 比特，则表示一个像素所需的平均比特数为：

$$L_{wog} = \sum_{L-1}^{k=0} l(r_k) p_r(r_k) \qquad （4-42）$$

而对整幅图像进行编码所需的总比特数为 $n\text{L}_{avg}$。

如果图像的灰度值在进行编码时所使用的编码长度大于实际所需的编码长度，则使用这种编码方式得到的图像便包含了编码冗余。通常，当被赋予事件集（如灰度值的集合）的编码没有充分利用各种结果出现的概率时，便会存在编码冗余。当一幅图像的灰度值直接利用自然二进制编码来加以表示时，通常都会存在编码冗余，因为绝大多数图像的直方图都不是均匀分布的，即图像中总有某些灰度值比其他灰度值有着更高的出现概率。使用自然二进制编码并未利用这一不均匀性，而对具有任意出现概率（自然也包括最大和最小出现概率）的灰度值都分配相同的比特数，由此便产生了编码冗余。

2. 像素间冗余

在变长编码中，应考虑单个像素的灰度值在出现概率上的不同。但是，编码方式的不同不会影响图像的不同像素之间的相关程度，也就是说，表示单个像素灰度值的编码与像素间的相关性无关，这些相关性来自于图像中对象的结构或相互间的几何关系。

单个像素点中所携带的信息至少有部分是可以通过邻近像素点所携带的信息来加以估计和恢复的。实际上，单一像素对于一幅图像的视觉贡献多数都是冗余的。例如在一般的图像中，除开灰度级发生显著突变的边缘区域之外，绝大多数的图像区域均是仅受随机噪声影响的均匀灰度区域或灰度变化缓慢的区域，这些区域中的像素点的灰度值基本都可以根据邻近的像素值加以推测。对于视频图像序列而言，在相邻的图像帧之间也同样存在类似的冗余。包括空间冗余、几何冗余、帧间冗余等多个术语都用来表示这样的像素间的依赖性，这些术语可以统称为"像素间冗余"。

要消除图像的像素间冗余，通常需要将人类视觉可以直接理解的原始二维像素阵列加以变换，成为可以更加有效处理的形式（变换后的形式常常是"不可见的"）。如果原始的图像数据可以根据变换后的数据进行重构，则称该变换为可逆的。

3. 心理视觉冗余

眼睛对于不同视觉信息感受的灵敏度有所不同。人类对于图像信息的感知并不牵涉到对图像中单个像素的灰度值的定量分析。通常，观察者在图像中寻找边缘或纹理区域这样的可区分特征，然后在大脑中将其合并为可识别和理解的组群，通过将这些组群和已有知识相联系来完成图像的解释过程。在正常视觉处理过程中，各种信息的相对重要程度不同，而那些不十分重要的信息便称为心理视觉冗余。我们能够在不明显降低图像感知质量的情况下消除这些冗余。

对于正常的视觉处理过程而言，由于并非所有图像信息都是必须加以保留的内容，因此我们有可能消除心理视觉冗余。而这一消除过程通常会导致一定量的信息的丢失，因此该过程常称为"量化"。量化带来了数据的有损压缩，因此这一消除过程是不可逆的。

灰度级的量化过程很可能会引入伪轮廓，从而产生虚假的图像信息。这样的伪轮廓可以通过所谓的"抖动"技术加以一定程度地消除，抖动技术通过利用人类视觉对于颜色的敏感性相对较高而对空间分辨率的敏感性相对较低的特点，在不同灰度级区域边界附近按渐变的比例分配来混合具有不同灰度级的像素，并通过人眼的空间平滑作用，使得人类观察者在这样的区域边界处感知到更为平滑渐变的灰度变化，从而消除了伪轮廓。另一个量化的例子是商业电势的标准 2 : 1 隔行扫描方式，其中相邻帧的交错部分，使得在图像视觉品质下降很少的情况下，能够降低视频扫描率。

（二）图像压缩中的保真度准则

保真度准则是对图像压缩过程中所丢失的信息的性质和范围进行可重复定量分析的依据，包括客观保真度准则和主观保真度准则。

如果信息的损失程度可以表示为初始图像或输入图像以及经压缩再解压后复原的输出图像的函数时，便可以说这种信息损失程度的描述是基于客观保真度准则的。一种常见的客观保真度准则即为输入图像和输出图像间的均方根（rootmeansquare，RMS）误差。令 $f(x, y)$ 为输入图像，$\hat{f}(x, y)$ 为输入图像经压缩再解压后得到的 $f(x, y)$ 的估计或近似。设图像大小为 M×N 像素，则 $f(x, y)$ 和 $\hat{f}(x, y)$ 之间的均方根误差 e_{RMS} 为：

$$e_{RMS} = \sqrt{\frac{1}{MN} \sum_{M-1}^{x=0} \sum_{N-1}^{y=0} e^2(x, y)} = \sqrt{\frac{1}{MN} \sum_{M-1}^{x=0} \sum_{N-1}^{y=0} [\hat{f}(x, y) - f(x, y)]^2} \qquad （4-43）$$

另一种客观保真度准则是压缩—解压图像的均方信噪比，此时解压后的图像被视为初始图像（信号）和误差（噪声）的和，定义如下：

$$SNR_{MS} = \frac{\sum_{M-1}^{x=0} \sum_{N-1}^{y=0} \hat{f}^2(x, y)}{\sum_{M-1}^{x=0} \sum_{N-1}^{y=0} [\hat{f}(x, y) - f(x, y)]^2} \qquad （4-44）$$

（三）图像压缩中的系统模型

图像压缩系统包括压缩器和解压缩器等两个主要的结构块。压缩器对输入图像 $f(x, y)$ 进行某种形式的压缩编码，生成数码率小于原始图像的一组符号，以便于在信道中传输。这组符号经过信道到达接收端，成为解压器的输入。解压器对压缩后的符号解码得到输出图像 $\hat{f}(x, y)$。

压缩器包括信源编码和信道编码两部分，相应的解压器中包括信道解码和信源解码两部分。信道解码是信道编码的逆操作，而信源解码是信源编码的逆操作。信源编码器用于减少或消除输入图像中的三种数据冗余，实现数据压缩。信道编码器实际上是差错控制编码器。由于信源编码器的输出中几乎不包含冗余信息，因此对传输中的噪声敏感性高，即使是小的噪声也可能造成大量误码。信道编码器通过在信源编码器的输出中增加预先规定好的有规律的冗余信息，使得接收端能对收到的信息加以验证，以确定其是否满足预先设定好的规律，从而判断传输过程中是否出错，由此提高了信源编码器输出在信道中传输时的抗干扰能力。如果传输信道无噪声，则信道编解码器均可略去。就图像压缩而言，压缩工作主要由信源编码器完成，因此以下的叙述中，压缩器和解压器仅指信源编解码器。

转换器是通过某种方法消除图像中的像素间冗余。这一过程一般是可逆的，图像信息不会遭受损失，并且有可能直接减少图像的数据量。在信源解码器中，通过反向转换器便能将转换后的数据恢复为原来的图像数据；量化器在保真度许可的范围内降低转换器的输出精度，从而减少输入图像中的心理视觉冗余。量化操作伴随有信息的损失，因此是不可逆的。也由于这种不可逆性，在信源解码器中并没有与之对应的反向量化器；符号编码器是信源编码的最后阶段，通过一定的编码方法来减少编码冗余，一般而言该过程也是没有信息损失的。

通过转换、量化和符号编码等三种相继的操作可以减少或消除图像中的三种冗余，不过并非每个图像压缩系统都必须包括这三种操作。例如在无损压缩中便不存在量化环节。

（四）图像压缩中的编码类型

根据压缩过程中是否有信息损失，图像压缩编码可分为无失真编码和限失真编码两大类。无失真编码在解码时可以完全恢复原始图像信息，而限失真编码则不能完全恢复原始图像信息，存在信息损失，不过这种损失通常不易为观察者所察觉。

无失真编码可分为变长码和定长码。定长码利用相同的位数对数据编码。大多数存储数字信息的编码系统都采用定长码，最常见的有行程编码和 LZW 编码；变长码基于统计得到的像素出现概率的不同来用不同的位数对像素进行编码，以消除编码冗余。常见的变长码包括 Huffman 编码和算术编码。

无失真编码能对图像进行无损压缩，但压缩比一般不高。为了获得更高的压缩比，常常需要在图像质量上做出妥协，通过引入一定的失真来提高压缩比，不过一般会将失真限制在某个可接受的范围之内，因此称为限失真编码。常用的线失真编码又可分为预测编码和变换编码两类，它们都通过消除像素间冗余并利用人眼的生理特性来减少心理视觉冗余，以实现数据压缩。

预测编码根据已知像素值以及像素间的相关关系来预测当前待编码像素的

值，并对预测值和真实值之间的误差进行量化和编码。如果预测较为准确，则误差较小，其量化和编码便相对简单，从而达到压缩的目的。预测编码分为线性预测和非线性预测。在线性预测中，预测值是前面若干个值的线性函数。如果用于预测的是同一行或同一列中的前面若干像素，则称为一维预测法；如果使用的是多行多列的像素，则称为二维预测法；有时对于图像序列，还会使用图像帧之间的相关性来进行预测，称为三维预测法。无论是哪种线性预测方法，一旦方法确定，则预测模型即线性函数中的系数便被确定下来，不再随待编码图像内容的变化而变化。由于线性预测没有充分考虑待编码图像的特点，因此压缩比受到限制。更合理的做法则是根据图像内容适当调整预测模型的参数，以获得更好的压缩效果，这便是自适应预测编码，有时也称非线性编码。

变换编码通过对图像数据进行某种形式的正交变换，使得变换后的数据（系数）之间的相关性较小甚至无关，再对这些系数进行编码，达到数据压缩的目的。变换编码的基本过程是将原始图像进行分块，然后利用傅里叶变换、沃尔什－哈达玛变换、哈尔变换、余弦变换、K–L变换等对各块数据进行变换，对变换后的数据进行量化和编码。这些变换通常使得图像的大部分重要信息集中于相对很少的系数上，而那些仅具有极少图像信息的多数系数被粗略地量化甚至丢弃，从而实现较高的压缩比。

1. 无失真编码

（1）行程编码。行程编码（Run–Length Encoding，RLE）是在20世纪50年代发展起来的一种编码技术。行程编码及其二维扩展已成为传真编码的标准压缩方法。行程编码的基本思想是对一个具有相同值的连续像素串用代表该灰度值以及串长度的数据来表示。这种方法特别适合于如计算机生成的图像与黑白图像这类往往具有较长的相同灰度或颜色值的连续像素串的图像。这些具有相同颜色值的像素串称为行程，有时也称为游程。

行程编码分为定长行程编码和变长行程编码。定长行程编码中，行程的最大长度固定，因此可用固定长度的编码位数来表示行程长度。如果实际行程长度超过了该最大长度，则行程将被拆为若干个具有相同颜色的行程段，每一段的长度都不超过最大行程长度。变长行程编码对不同的行程长度使用不同的位数来编码，对行程长度无限制，但需要额外的标志位来说明行程长度编码本身的位数，有时可能会使得编码后的数据相对而言更长些。

　　行程编码原理直观，运算简单，压缩及解压缩速度快。压缩比主要取决于图像本身的特点，一般来说，图像中所使用的颜色数量越少，就越有可能出现较长的同一颜色的连续像素串，也越有利于压缩。正因为如此，行程编码一般多用于文字图像以及二值图像，而不直接应用于常见的 256 灰度级图像以及彩色图像，因为此时由于图像中色彩丰富，容易形成数量极大的非常短小的行程，使得行程编码不但不能压缩数据，反而会造成更大的数据冗余。实际使用中，行程编码常与其他编码方式混合使用，例如在 JPEG 压缩中与离散余弦变换和 Huffman 编码一同使用。

　　（2）LZW 编码。LZW（Lempel-Ziv-WelCh，LZW）编码是一种消除图像像素间冗余的无损定长编码技术，已被应用于 GIF、TIFF、PDF 等众多主流图像文件格式之中。LZW 算法由一个初始模型开始，逐段读取数据，然后更新模型并对数据进行编码。LZW 是一种基于字典的压缩算法，数据经过压缩后成为一个对字典内容进行索引的索引值。由于字典中的一条记录可能对应于一个较长的字符串，因此当用该字符串的索引值代替字符串本身时，即能达到压缩的目的。

　　第一，压缩方法。LZW 以一个 256 字符的字典开始编码，这 256 个字符称为"标准"字符集合。对于 256 灰度级的图像而言，这 256 个字符便对应了 0 到 255 的灰度级。当编码器顺序地分析图像像素时，如果发现字典中没有包括的灰度级序列由算法决定其在字典中的位置。例如当图像的前两个像素均为白色时，序列"255-255"通常会被分配在索引值为 256 的字典位置上。今后再遇到连续两个白色像素，就可以用码字 256（即灰度级序列 255-255 对应的索引值）来表示它们。如果字典大小为 2^m 则每个码字为 m 位。显然，字典大小是一个重要的系统参数，如果字典太小，则难以发生灰度级序列的匹配；如果字典太大，则码字尺寸随之增大，有可能影响到压缩性能。常用的字典最大长度为 212=4096，此时一个码字为 12 位。虽然单个码字比压缩前单个像素的位数还要多些，但如果像素间存在着较强的冗余，则可以预期会比较频繁地重复出现某些较长的灰度级序列，这些序列将被单个码字所代替，从而得以实现压缩。

　　LZW 压缩过程中主要使用两个变量来控制编码和字典生成的过程，一个是当前匹配的序列或字符串前缀，另一个是当前待处理的像素或字符。前缀被初始化为空。如果当前待处理像素与前缀构成的像素序列并未在字典中出现，则编码输出前缀在字典中的索引值，同时由前缀和当前处理像素构成的新像素序列被加入字典，其位置一般可放在字典中第一个尚未被使用的位置，然后将前缀更新为当前处理像素，并处理下一个像素；如果当前待处理像素与前缀构成的像素序列已经存在于字典中，则不输出编码，将前缀与当前处理像素构成的像素序列作为新的前缀，并处理下一个像素。

第二，解压缩方法。LZW 的解压缩方法也十分简单，而且除了要求初始字典与压缩时的初始字典一致之外，解压缩算法不需要其他字典，二是在解压缩过程中创建一个与压缩过程创建的字典一样的字典。LZW 解压缩算法首先读取一个码字，并根据该索引在字典中查找，输出与之对应的字符串。该字符串的第一个字符连接到前一个码字译码所得的字符串后，然后将所得的新字符串加入字典之中，并令前一个码字等于当前码字，重复该过程直至所有码字均处理完毕。

（3）Huffman 编码。Huffman 编码是消除编码冗余的最常用的方法，其基本原理是将信源符号按出现概率大小排序，对概率大的符号分配短码，而概率小的符号分配长码。当符号的出现概率均为 2 的整数次幂时，Huffman 编码的平均长度可达到最小值即信源的熵，因此有时它也被称为最佳编码。

在 Huffman 编码的过程中，将得到一张记录了所有信源符号码字的 Huffman 编码表。经 Huffman 编码后的数据与 Huffman 编码表一同被存储和传输，解码时通过简单地查表便可完成。Huffman 编码是瞬时的，即符号串中的每个码字无须参考后继符号便可完成解码；这种编码又是唯一可解码的，即任何符号串仅能按一种方式被解码。

Huffman 编码表的编制过程如下：

第一，将消息按照出现概率由大到小排列，记为 $p_1 \geqslant p_2 \cdots \geqslant p_{m-1} \geqslant p_m$。

第二，将符号 1 赋予最小概率 p_m，符号 0 赋予次最小概率 p_{m-1}。

第三，计算联合概率 $p_i = p_m + p_{m-1}$，将未处理的 $m-2$ 个概率与 p_i 一同进行排序。

第四，重复上述步骤，直至所有概率都被赋予了一个符号为止。

不过由于 Huffman 编码为无损编码，受信源本身概率分布的限制，其压缩比并不是很高，一般常与其他压缩方法一起使用。

（4）算术编码。以上所述的行程编码、LZW 编码和 Huffman 编码方式中，信源符号和码字之间都存在着对应关系，有时也称之为块码。算术编码则不同，它生成的是非块码，此时信源符号与码字之间并不存在一一对应关系。码字并非赋予某个信源符号，而是赋给整个信源消息序列。算术编码的码字定义了一个 [0，1）之间的实数子区间，区间中的任一实数便代表了需要编码的消息序列。当消息中的符号数目增加时，区间变得更小，从而需要更多的信息单元（如实数的位数）来表示编码。下面我们通过示例来说明算术编码过程。算术编码的解码过程如下。以 0.292 为例：

第一，根据码字所在范围确定消息序列的第一个码字。0.292 落在区间 [0.2，0.4）中，因此第一个字符为 b。

第二，消除已译码字符在码字中的部分，以确定下一个码字。消除过程是编码运算的逆运算，即从码字 0.292 中减去 b 的区间下限 0.2，然后再除以 b 的区间宽度 0.4-0.2=0.2，得到新的码字 0.46。

第三，重复上述步骤，直到码字处理完毕。

由于编码过程中仅使用了代数运算和移位运算，因此得名算术编码。理论上而言，如果编码序列越长，算术编码就越接近于无噪声编码的理论极限。但在实际中，有两个因素使得编码效率无法达到这个极限：一是需要引入消息结束符来区分不同的消息；二是实数运算的精度是有限的。

2. 预测编码

对于常见的静态图像与视频图像而言，在空间与时间上相邻的像素值间常存在明显的相关关系。预测编码通过去除图像的像素间冗余来实现压缩。预测指利用已知的信息来估计未知信息，对图像而言，便是利用已知的像素值来估计待编码的像素值。待编码像素的估计值和实际值之间存在误差，但由于像素间冗余的存在，该误差的取值范围往往较像素绝对值的取值范围要来得小。像素间的相关性越强，就越容易达到更为准确的预测，误差的绝对值也越小，用于表示误差的位数也可以更少，最终达到数据压缩的目的。

预测编码可分为无损预测编码和有损预测编码。系统的编解码器中均包含一个相同的预测器，编码器预测器根据已经进行了编码的若干已知像素值 f_{n-k}（k

> 0）来预测当前待编码像素 f_n 的值，所得到的预测值 $\hat{f}_n$ 和真实值之间的误差 $e_n = f_n - \hat{f}_n$ 被编码并输出；而解码器则根据解码后的预测误差 e_n 和预测器输出的预测值 $\hat{f}_n$ 来无损地重构图像像素值 f_n。

如果对预测误差进行量化处理，则可以显著提高压缩的效率，但这是以一定程度的失真为代价的。

（1）线性预测。预测器是预测编码中最重要的环节，预测的优劣决定了压缩的质量。有多种方法可用于产生预测值 $\hat{f}_n$，但多数情况下预测值都是取若干之前的已知像素值的线性组合，即：

$$\hat{f}_n = round\left(\sum_{m}^{i=1}\alpha_i f_{n-i}\right) \tag{4-45}$$

根据不同的"之前像素"的定义，这些已知像素既可以来自于待编码像素的同一行或同一列，也可以来自于邻近的不同行和不同列，甚至可以来自于空间上邻近的不同行列以及时间上邻近的不同图像帧。

线性预测中，最重要且最困难的问题便是预测系数 a_i 的确定。在线性预测理论中，上述问题常被视为一个 AR 模型的求解问题，可以用最小二乘法估计及相关矩估计来求解，也可以利用序列最小二乘法、Yule-Walker 方程递推算法或 AR 模型参数估计的格型算法来求解。但一般而言，计算线性预测的预测系数是一个较为耗时的任务，而且计算得到的预测误差与人眼的视觉特性也并非十分匹配。很多文献利用实验给出了若干经验式的预测系数，可在实际应用中参考使用。不过对于现行预测而言，一旦预测方程被确定下来，它就将被用于之后所有由此编码系统进行编码的图像，而不会随图像内容发生改变。

（2）量化器。有损预测编码的失真大小取决于量化器及其与预测方法的结合。不过量化器与预测方法间的相互作为较为复杂，因此在设计时一般是单独考虑的，即设计预测器时认为量化器无误差，设计量化器时也仅根据其自身的设计原则进行，不考虑预测器。

一般而言，量化可分为两类：标量量化（又称无记忆量化或一维量化）和矢量量化（又称为记忆量化或多维量化）。标量量化针对每个单独的取样值进行量化，与其他取样值无关；矢量量化则是针对一组取样值进行量化，从码字集合中选出使输入取样值序列失真最小的一个码字来编码。矢量量化比标量量化具有更强的压缩能力，并常与其他编码方法结合使用，如与变换编码结合使用。

标量量化。最简单的标量量化是等间隔量化或均匀量化。量化器的工作范围 $[-U, U]$ 被 $N+1$ 个判决电平 x_0、x_1、$\cdots$、x_N 等分为 N 个区间 $R_i = (x_{i-1}, x_i]$（$1 \leq i \leq N$），此外还有两个处于边缘的过载区间 $R_0 = (-\infty, x_0]$ 和 $R_{N+1} = (x_N, \infty)$。N 称为量化器的量化级数。每个量化区间 R_i 对应一个恒定的量化器输出 y_i。量化器由此便将无限多个可能的输入值映射为有限的 N 个值。一般取 y_i 为区间 R_i 的中点，此时的均匀量化的输入 – 输出特性曲线与误差特性曲线分别如图 4–2 和图 4–3 所示。

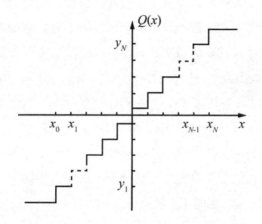

图 4–2 均匀量化器的输入 – 输出特性

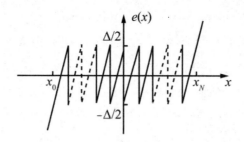

图 4–3 均匀量化器的误差特性

假设输入信号出现于过载区的概率为 0，且量化间隔 $\Delta = 2U/N$ 足够小，使得各个量化区间内信号的分布近似于均匀分布，则量化噪声（量化误差）功率为

$$D = \int_{-\infty}^{+\infty} [Q(x)-x]^2 \, p(x)\mathrm{d}x = \sum_{N}^{i=1} \int_{x_{i-1}}^{x_i} (y_i - x)^2 \, p(x)\mathrm{d}x$$

$$\approx \sum_{N}^{i=1} p(y_i) \int_{x_{i-1}}^{x_i} (y_i - x)^2 \, \mathrm{d}x = \frac{1}{12} \sum_{N}^{i=1} p(y_i) \Delta^3 \qquad (4\text{-}46)$$

$$= \frac{\Delta^2}{12} \sum_{N}^{i=1} p(y_i) \Delta \approx \frac{2}{12} \sum_{N}^{i=1} P(y_i) = \frac{2}{12}$$

可见，增加量化级数以减小量化间隔，可以降低量化噪声，但这是以更多地对量化值进行编码的位数为代价的。定量而言，每增加 1 位编码位数，可使信噪比增加 6dB。此外，由均匀量化的误差特性可见，均匀量化对大信号和小信号的量化误差是一样大的，因此对于小信号，量化信噪比低。预测编码的一个重要前提便是预测误差大多数均取小值，因此为了满足对小的预测误差的失真要求，需要对小信号有较高的信噪比，因而必须增加编码位数，而这些编码位数对于大的预测误差而言则是一种浪费。为了解决这一矛盾，引入了非均匀量化。

非均匀量化通常通过压缩扩张法来实现。输入信号首先经非线性函数 $F(x)$ "压缩"，压缩信号进行均匀量化后再用 F(x) 的逆函数进行"扩张"以还原得到量化输出。非均匀量化的量化间隔在量化范围内并不相等，而是对小信号取小的量化间隔，对大信号则取大的量化间隔，从而在相同的编码位数下获得更高的期望量化信噪比。常用的压扩特性有 A 律特性和 m 律特性，分别如下：

$$\begin{cases} y = Ax/(1+\ln A) & 0 \leqslant x \leqslant A^{-1} \\ y = (1+\ln Ax)/(1+\ln A) & A^{-1} \leqslant x \leqslant 1 \end{cases} \qquad (4\text{-}47)$$

$$y = \ln(1+\mu x)/\ln(1+\mu) \qquad (4\text{-}48)$$

矢量量化。一个 K 维矢量量化器的输入是由 K 个取样值构成的矢量 $\mathbf{x} = (x_1, x_2, \cdots, x_K)$，其输出是被称为码书的 N 个码字矢量构成的集合 $\{\mathbf{y}_1, \mathbf{y}_2, \cdots, \mathbf{y}_N\}$ 中的一个矢量。首先将所有可能的输入取样矢量构成一个 K 维实空间 $\mathbb{R}^K$，然后按一定的规则将 $\mathbb{R}^K$ 划分为 N 个"区间" S_i（$1 \leqslant i \leqslant N$）。在每个 S_i 中，根据最优量化找到一个点；y_i 作为该区间的输出向量，凡落入区间 S_i 的输入就用 y_i 作为输出，从而完成量化。

矢量量化过程最为关键的两步便是建立码书以及针对特定输入寻找或说搜索与之对应的码字的过程。而搜索主要涉及在给定的失真度量下如何迅速找到与特定输入最为匹配的码字矢量。虽然当 N 较小时可以使用穷举式匹配来完成搜索，但当 N 较大时，则必须采取更为高效的搜索方法。

3. 变换编码

预测编码技术直接利用图像像素在空间域的相关性来消除像素间冗余，而变换编码则是对图像进行某种正交变换，使得变换后的系数相互之间相关性减小甚至无关，并使得图像的重要信息能相对集中于较少的系数之上，通过粗略量化乃至丢弃包含信息较少的系数来减少数据量。

一幅较大的输入图像常被分割为若干个 $n \times n$ 大小的子图像，然后在子图像上进行图像变换，以简化变换过程。常见的 n 值为 8 或 16，通常取为 2^k 形式。当图像不足以被恰好分割为若干 72×72 的方形子图像时，可对图像进行人为扩充来满足整除的要求。

子图像经变换后一般成为一个 $n \times n$ 的系数矩阵，对于人眼视觉而言显著的图像能量通常集中在少数直流与低频分量上，而高频分量所占据的能量比例一般很小。去除这些高频分量虽然会造成失真，但是人眼较难感知这些失真，说明这些高频分量主要对应了心理视觉冗余，对其进行粗略量化或丢弃可以减少心理视觉冗余，达到压缩图像的目的。经量化后的系数再通过特定的编码方式去除编码冗余，便得到了最终的压缩结果。解码时，将编码后的系数复原为变换系数的近似值，再通过求取逆变换得到复原的子图像，最后将各个复原的子图像合并为整幅解压图像。

（1）常见的图像变换。有多种图像变换可用于变换编码，如离散傅里叶变换（DFT）、K–L 变换、Haar 变换、Walsh–Hadamard 变换、离散余弦变换（DCT）、斜变换等。现对各种变换作简要介绍如下。

第一，二维离散傅里叶变换。设有 $N \times N$ 的图像 $f(x, y)$，其 DFT 系数为 $F(u, v)$，则 f 与 F 之间的变换关系如下：

$$F(u,v) = \frac{1}{N} \sum_{N-1}^{x=0} \sum_{N-1}^{y=0} f(x,y) \mathrm{e}^{-j2\pi(ux+vy)/N} \qquad (4\text{--}49)$$

$$f(x,y) = \frac{1}{N} \sum_{u=0}^{N-1} \sum_{v=0}^{N-1} F(u,v) \mathrm{e}^{j2\pi(ux+vy)/N} \qquad (4\text{--}50)$$

式中，$0 \leqslant x, y < N$，$0 \leqslant u, v < N$。

一般性的离散变换及其逆变换可写为

$$T(u,v) = \sum_{N-1}^{x=0} \sum_{N-1}^{y=0} f(x,y)g(x,y,u,v) \qquad (4-51)$$

$$f(x,y) = \sum_{N-1}^{u=0} \sum_{N-1}^{v=0} T(u,v)h(x,y,u,v) \qquad (4-52)$$

式中，$0 \leq x$，$y<N$，$0 \leq u$，$v<N$；$g(x, y, u, v)$ 和 $h(x, y, u, v)$ 分别称为变换和逆变换的变换核函数。如果成立 $g(x, y, u, v)=g_1(x, u)g_2(y, u)$ 或 $h(x, y, u, v)=h_1(x, u)h_2(y, v)$，则称相应的变换核为可分的；如果成立 $g(x, y, u, v)=g_1(x, u)g1(y, u)$ 或 $h(x, y, u, v)=h_1(x, u)h_2(y, v)$，则称相应的变换核为对称的。

因此，二维离散傅里叶变换的变换核是可分且对称的。利用这一性质，二维离散傅里叶变换可转换为先按行再按列进行的两个一维离散傅里叶变换，从而简化运算。

第二，离散余弦变换。二维 DCT 的变换与逆变换公式如下：

$$F(u,v) = \frac{2}{N}A(u)A(v)\sum_{x=0}^{N-1}\sum_{y=0}^{N-1}f(x,y)\cos\frac{(2x+1)u\pi}{2N}\cos\frac{(2y+1)v\pi}{2N} \qquad (4-53)$$

$$f(x,y) = \frac{2}{N}\sum_{u=0}^{N-1}\sum_{v=0}^{N-1}A(u)A(v)F(u,v)\cos\frac{(2x+1)u\pi}{2N}\cos\frac{(2y+1)v\pi}{2N} \qquad (4-54)$$

式中：

$$A(w) = \begin{cases} 1/\sqrt{2} & w=0 \\ 1 & w \neq 0 \end{cases} \qquad (4-55)$$

可见二维 DCT 变换及逆变换的变换核也均为对称的。DCT 可以由 DFT 求得。与 DFT 不同，DCT 变换得到的系数均为实值。而且 DCT 具有良好的去相关性能，变换系数的能量也相对更为集中，并具有易于硬件实现的快速算法，因此在图像压缩领域具有广泛应用。

第三，离散 K-L 变换。离散 K-L 变换也称为 Hotelling 变换、特征向量变换或主分量变换，是图像变换中性质最佳的一种。离散 K-L 变换基于图像的统计性质，其方法是求出一个标准的变换矩阵，将原有的 N^2 维随机向量转换为由一组新的 m 个主分量维构成的向量，这些新的主分量维彼此不相关，即在特征域中相互独立。

设 $\mathbf{x}^{\mathrm{T}}=[x_1、x_2、\cdots、x_N{}^2]$ 和 $\mathbf{x}^{\mathrm{T}}=[y_1、y_2、\cdots、y_N{}^2]$ 为两个 N^2 维的随机向量，$\mathbf{A}=[a_1、a_2、\cdots、a_N{}^2]^{\mathrm{T}}$ 为一个正交变换矩阵，$\mathbf{a}_i,=[a_{i1}、a_{i2}、\cdots、a_{iN}{}^2]^{\mathrm{T}}$ 为 N^2 维基向量。假设 $\mathbf{A}$ 为实值且正交归一的，即：

$$\mathbf{A}^{\mathrm{T}}\mathbf{A}=\mathbf{I}\quad\mathbf{A}^{-1}=\mathbf{A}^{\mathrm{T}} \tag{4-56}$$

则 $\mathbf{x}$ 和 $\mathbf{y}$ 之间存在可逆的变换：

$$\mathbf{x}=\mathbf{A}^{\mathrm{T}}\mathbf{y}\quad\mathbf{y}=\mathbf{A}\mathbf{x} \tag{4-57}$$

为了达到数据压缩的目的，我们可以仅使用 $\mathbf{y}$ 中的 m 个分量 $(y_1、y_2、y_m)^{\mathrm{T}}$ 来估计 $\mathbf{x}$，其中：

$$y_i=\mathbf{a}_i^{\mathrm{T}}\mathbf{X} \tag{4-58}$$

如果 $\mathbf{A}$ 由随机向量 $\mathbf{x}$ 的协方差阵 $\sum_x$ 的特征向量组成，且特征向量按特征值的绝对值大小由大到小排列，即 $\mathbf{a}_1$ 对应于绝对值最大的特征根 λ_1 对应的特征向量，$\mathbf{a}_2$ 对应于绝对值次大的特征根 λ_2 对应的特征向量，等等，则仅使用 $\mathbf{y}$ 的前 m 个分量来估计 $\mathbf{x}$ 而略去其余 N^2-m 个分量时，估计的均方误差达到最小，为：

$$\varepsilon^2(m)=\sum_{i=m+1}^{N^2}\lambda_i \tag{4-59}$$

此时的变换 $\mathbf{y}=\mathbf{A}\mathbf{x}$ 称为离散 K-L 变换。

尽管从理论上而言，K-L 变换是最佳的正交归一化图像变换，但它依赖于具体的图像数据，且求解过程复杂，计算速度较慢，因此在实际中应用较少。

（2）子图像的大小选择。作为变换编码基本单元的子图像，其大小 n 的选择十分重要，关系到变换的计算量以及传输时的差错影响。显然，减小 n 可以减少计算量，但编码误差会增大，而且一般当 $n < 8$ 时，会出现方块效应，即在相邻子图像的边界处会出现较为明显的不同，这往往会影响解压图像的主观感知质量；而增大 n 则表明计入的相关像素数量更多，编码误差将会减小，但 n 太大时，新引入的像素与之前像素的相关性将变得不够明显，因此对图像质量改善的贡献也不显著，同时增加了计算量，也不利于处理图像中的细节。因此，n 一般取为 8 或 16，对质量要求不高时也可取 4，近来也有选用高达 256 的 n 值的情况。

（3）系数选择和比特分配。经过变换后得到的系数对解压图像的质量而言并非都具有相同的重要性。一般来说，图像能量主要集中在零频和低频部分，因此可以有选择地选出较少的系数来用于图像解压。此外，即使对于保留下来的系数而言，其重要性也不尽相同，对于较低频的系数可以使用较多的比特数进行编码，而对于较高频的系数则可以进行更粗略些的量化，这一过程便是比特分配。目前常用的系数选择和比特分配的方法包括区域编码和阈值编码。

第一，区域编码。区域编码利用信息论中视信息为不确定性的概念，认为变换系数的方差越大，其包含的信息越多，重要性也越高。通常使用的如 DCT 变换等图像变换，其变换结果中具有最大方差的系数通常在零频附近，即变换后系数矩阵的左上角附近，因此典型的区域编码一般是先确定一个左上角处的保留系数区域模板，模板在这些保留位置上的值为 1，而处于右下部的其余模板值为 0，表明这些位置上的系数将被舍弃。

即使对于保留下来的系数，其重要性也有所不同，因此需要的编码位数也应有所区别。同样地，对于重要的系数，应使用较多的编码位数，而对于不那么重要的系数则可以使用更少的位数。根据这一考虑，可以利用一个比特分配模板来同时说明对哪些系数加以保留，以及对被保留的系数进行编码的位数为多少。

区域编码原理简单，能获得较好的压缩比，但它完全丢弃了高频系数，而在图像中，高频系数包含了图像边缘等细节信息，因此丢弃了高频系数的压缩图像解压后可能出现边缘和细节模糊的情况，可能使得解压图像的质量不能令人满意。对于这种情况，可利用阈值编码加以解决。

第二，阈值编码。阈值编码仅保留那些幅值大于一定阈值的系数并编码输出，而舍弃掉其余的阈值。利用这种方式，某些高频系数仍能得到保留，从而弥补了区域编码将高频系数完全舍弃的缺陷。由于计算简单，阈值编码是实际中最常用的自适应变换编码方法。阈值编码的缺陷在于被编码系数在矩阵中的位置不确定，因此需要增加额外的位置编码，其码率相对要高一些。阈值编码中最主要的问题是如何确定阈值。通常有三种确定阈值的方法：①对所有子图像使用单一全局阈值。此时对不同图像而言，压缩比是不同的，具体的压缩比取决于子图像变换系数的分布情况；②对每幅图像使用不同的阈值，使得被丢弃的系数数量保持相同，此时编码率恒定且预先可知；③阈值是子图像中系数位置的函数。该方法得到的编码率可变，其好处在于可用某种标准量化矩阵实现阈值处理和量化过程的结合。这种方法应用较为广泛。

第五章　人工智能技术在视觉图像处理中的应用

第一节　人工智能中图像识别技术的应用

一、人工智能在图像识别技术中的优势

智能、便捷与实用，是人工智能中图像识别技术的显著优势。在日常生活与工作中，应用图像识别技术既能满足人类的现实需求，又能提高社会的生产效率。

第一，智能优势。应用图像识别技术处理图片，可以实现选择与分析的智能化。以信息技术为基础逐渐演变、发展而来的人工智能图像识别技术，显示出了超强的智能化优势。根据图像识别技术研发的特定软件，可以帮助人们从日常的工作与生活中，识别图像的数据内容与信息价值，经过智能化优势技术的分析与处理，得出具有应用价值的建议与结论，从而有利于提升人们的工作与生活效率，以及整个社会的生产效率。

第二，便捷与实用优势。人工智能图像识别技术既具有智能优势，又具有便捷与实用优势。人工智能图像处理技术的应用，可以提高人们日常工作与生活的便捷性。对于程序繁琐、流程复杂的工作，借助人工智能图像处理技术能够轻松解决关键问题，保证工作顺利完成，这是人工智能图像识别技术拥有便捷化优势的重要体现。此外，人工智能图像识别技术还表现出了鲜明的实用优势。在智能家居场景中应用人工智能图像识别技术，可以为人们提供更加高效、有序、轻松、便捷的现代生活方式。人工智能图像识别技术的实用功能，在满足人们

现实需求的同时，也推动了技术自身的普及与创新。

二、人工智能应用图像识别技术的展望

时代的发展与科技的进步，推动着人工智能图像识别技术的优化、升级与完善。伴随着图像识别技术精准度的不断提升，在数据的高速处理与传输方面、多维识别方面、应用领域方面，人工智能图像识别技术能够为人类的生存与发展提供更多的便捷服务。

第一，数据的高速处理与传输。目前，人工智能图像识别技术已经具备高保真度、高清晰度特点，但是由于计算误差的存在，信息识别、数据处理与传输速度并不理想。影响人工智能图像识别技术发展的因素主要表现在两个方面：①计算机硬件设备需要升级；②信息采集与数据处理能力有待提升。为了推动图像识别技术提高清晰度和信息采集与数据处理能力，相关人员正在积极付出努力，购置最新的计算机硬件设备，改进原有技术在采集信息与处理数据时存在的问题，确保图像识别技术的发展态势更加成熟，并逐渐降低人工智能图像识别技术的应用误差，尽最大可能满足相关行业的多元需求。

第二，多维识别。传统的人工智能图像识别技术模式以二维识别为主，随着信息技术的发展，最新的人工智能图像识别技术采用三维识别模式。三维识别虽然能够改善二维识别的图像效果，但是依然无法满足现代社会的发展需求。因此，突破三维识别模式的局限，推动人工智能图像识别技术在未来的发展过程中实现多维识别，是人工智能图像识别技术不可阻挡的创新趋势。多维识别模式在不同领域的广泛应用，在推动人类社会生活与学习工作的密切化、便捷化发展方面，发挥着日益显著的重要作用。

第三，应用领域更加广泛。目前，人工智能图像识别技术主要应用在农业、商业、医学、建筑与交通等领域。然而，随着时代的发展以及图像识别技术的不断完善与优化，人工智能图像识别技术的应用领域将变得更加广泛。在人类未来的学习工作与日常生活中，传统的操作模式将逐渐被人工智能完全取代，而与人工智能结合紧密的图像识别技术，必将实现更深层次的发展与完善。

人工智能应用产品具有"跨界融合"及"和实体经济深度融合"等特性，如自动驾驶与网联车是人工智能与汽车产业的跨界融合；人脸识别是人工智能

与图像处理学科的跨界融合；机器翻译是人工智能与翻译界的跨界融合；智能医学图像处理是人工智能与医学领域的跨界融合等。通过这些跨界融合，带动多个学科、领域与行业的智能化，从而实现了人工智能的"头雁"作用。

第二节　人工智能在医学图像处理中的应用

一、智能医学图像处理

（一）智能医学图像处理及其优势

现代医学的发展是以现代化的医学检验手段为基本支撑，近年来，特别是医学图像的发展，在疾病的诊断及选择治疗方法方面起到决定性的作用。所谓医学图像是指为了医疗或医学研究，对人体或人体某部分以非侵入方式取得内部组织影像的技术与处理过程，包括各种放射线仪器、磁共振仪器、超声仪器等四部分。这些医学图像，其影像灰度分布都是由人体组织特性参数的不同决定的。通常，这种差异（对比度）很小，导致影像上相邻灰度差别也就很小。人眼对灰度的分辨率很低，只能清楚分辨从全黑到全白的十几个灰阶。因此，过去传统的模拟影像必须经过数字化处理方有实用价值，而现代医学图像都是直接数字成像。

经数字化处理后的医学图像其识别能力虽有所提高，但仅靠医生肉眼要分辨人体组织中复杂细微的结构仍有很大困难，这还需依靠医生长期积累的经验与分析推理。往往会出现这样一种现象，同一张片子，在不同医生眼里可能有不同的结果。因此最先进的医学图像，最终还是要靠医生的经验与判断才能发挥其作用。也不是每个医生都能作出正确的判断，这需靠他的长期积累与努力学习的结果。因此在现代化的医院中，大量的医学图像设备必须有大量经验丰富的读片人员，他们的有机结合才能最终产生有效的诊断结果，为诊治病人提高效果。现实环境中医院大量缺乏水平高的读片人员，从而使得现代化先进医学图像设备不能充分发挥其作用，这已成为目前医学研究中的重要问题。

设想用人工智能方法替代读片员分辨人体组织中复杂细致的结构，并分析与正常组织结构的不同，从而为诊断疾病提供基础。由于医学图像也属计算机中的图像，因而可以用人工智能中的智能图像处理、计算机视觉中的理论与方法，主要是机器学习方法，特别是其中的深度学习方法、卷积神经网络等，通过从巨量的医学图片中进行学习，抽取其特征而获得人体各种器官组织特征，从而分辨出不同的结果来。这就是智能医学图像的基本思想与基础方法。

由于智能医学图像在医学研究中的重要性以及它在人工智能中的实用性，因此它已被国家正式列入人工智能应用发展计划之中，目前相关的应用系统及实际应用效果均已逐渐显现。

（二）智能医学图像处理的流程

智能医学图像处理主要使用人工智能基础理论中的机器学习方法，人工智能应用理论的智能图像处理、计算机视觉中的方法，实际主要是用其中的机器学习算法、深度学习方法、卷积神经网络等进行学习。由于其图像对象为人体组织结构，因此识别能力要求高、精确度要求也高，故而其学习算法有特殊的要求，另外，智能医学图像处理是一个流程，而其流程操作也有一定的要求。

智能医学图像处理主要研究机器辅助人类，自动处理大量的图像信息。一般，智能医学图像处理包括五个部分：图像获取、图像预处理、图像特征提取、分类模型建立及分类结果。

第一，图像获取。通过图像采集器、摄像头及数据转换卡等将光信号、模拟信号等物理信息转换成数字图像。

第二，图像预处理。图像预处理的内容比较多，首先是图像去噪与增强，接着是图像分割，使其聚合于所关注的那部分图像，割去不必要的那部分，最后是作图像重建等，具体的算法和技术包括：灰度化、中值滤波、直方图均衡化、形态学处理、各向异性扩散、小波分析等。

第三，图像特征提取。特征提取是决定识别结果的关键因素，常用的包括形状、颜色及纹理等特征，针对不同的图像识别算法，有的特征分类效果好，有些特征的分类效果较弱。好的特征提取方法要能提取出对图像分类最有利的特征。纹理特征中的纹理是目标图像的重要特征，可以认为是灰度或颜色在空间分布的规律所形成的图案。

第四，分类模型的建立。根据一定的算法，通过对训练样本合理地进行学习，建立起一个用于分类的学习模型。常用的分类包括：决策树分类、支持向量机分类、统计分类、人工神经网络分类及深度学习中的卷积神经网络分类等。在深度学习分类中图像特征是自动提取的。

第五，分类结果。分类结果就是应用学习模型对图片进行判别和分类的结果，最终疾病的诊断取决于对医学图像的分类结果所获取的解释而取得。

二、人工智能对医学图像分割的辅助

利用核磁共振成像技术、电子计算机断层扫描和超声检查，可以获得多种模态下的医学图像，这些医学图像反映了人体器官与病灶组织的生理与形态信息。然而，由于无法从三维空间的视角详细审视这些信息，根据这些图像治疗疾病，效果并不理想。事实上，只有借助其他辅助技术，才能准确分析疾病信息，提出最佳的疾病治疗方案。目前，在三维重建技术的支持下，利用人工智能辅助医学图像分割，能够更加直观地获知病灶组织之间的空间毗邻关系，从而可以做到疾病的精确诊断与科学防治。

传统的三维图像重建与医学图像分割需要人工辅助才能完成。但是，不同的工作人员，理解与掌握知识的水平存在显著的差异，这就导致图像的分割与重建不可避免地容易产生各种主观偏差。此外，图像的人工分割与重建，既耗时又繁琐，存在人力资源的严重浪费现象。然而，基于深度学习的卷积神经网络算法在人工智能医学图像分割领域的应用，可以明显缩短分割时间，提高分割效率，降低人为误差，并在复杂组织结构的医学图像分割方面，取得理想的图像重组效果。

三、人工智能对疾病智能诊断辅助

疾病的医学诊断，是选择治疗方案的参考依据。但是，传统的医学影像解读，需要医生积累丰富的专业经验，而培养医生又需要时间、耐心与资金投入。在这种情况下，利用人工智能辅助疾病的科学诊断，提高医学图像的检测效率与检测的精准程度，降低主观人为因素造成的错误判断，帮助医生在临床实践中快速成长，无疑具有十分重要的现实意义。此外，在医疗资源相对匮乏的基层医院和偏远山区，利用人工智能辅助疾病的诊断与筛查，帮助医生识别癌症病灶的医学图像，对于肝癌、胃癌、肺癌、皮肤癌、乳腺癌等常见疾病的诊断与治疗，具有积极的促进作用。

21 世纪初期，美国斯坦福大学已经成功研发并推出了可以辨识皮肤癌镜像照片的深度学习算法。以该算法为基础设计的深度卷积神经网络，既能科学区分脂溢性角化病与角质细胞癌，又能准确辨别恶性的黑色素瘤与良性的普通黑痣，在临床实践中表现出的水平与专家不存在任何差异。在移动终端设备应用该算法诊断皮肤癌，可以降低皮肤病的诊断成本，在皮肤科医生的诊室之外实现皮肤癌的精准鉴定。

此外，借助人工智能技术辅助识别肺癌，能够明显避免肺癌的过度诊断。通过准确区分良性结节与恶性结节的医学影像结果，为肺癌的检测、治疗与预后提供了难得的机遇。毕竟，只有早期准确识别患者肺部的恶性结节，借助手术、放射与化疗治愈肺癌，才具有现实可能性。

第三节　人工智能在自动驾驶与车牌号车型识别中的应用

一、人工智能在自动驾驶与网联车中的应用

自动驾驶是人工智能与汽车驾驶的结合，利用先进的人工智能技术改造汽车产业，使之协助驾驶人员，减轻其脑力与体力劳动并最终达到完全替代驾驶人员的目标，这就是自动驾驶。具有自动驾驶功能的汽车称为智能汽车。目前，实现自动驾驶的主要技术是网联车技术。

（一）自动驾驶技术的分类与研究方法

1. 自动驾驶的分类

汽车驾驶员通常使用手、脚、眼等器官在大脑统一控制与管理下实现车辆驾驶，在自动驾驶中，由一个以计算机网络为架构的系统完成汽车驾驶员的工作，由部分到全部，分为以下六个级别：

第 0 级：由人驾驶，系统仅负责做些必要的提示。此级别系统不能代替驾驶员的任何工作。

第1级：人与系统联合驾驶，以人为主。系统根据环境信息执行纵向操作（转向）和横向操作（加／减速）中的一项，其余操作都由驾驶人完成。此级别系统可以代替驾驶员的手或脚。

第2级：人与系统联合驾驶，以人为主，系统根据环境信息执行纵向操作（转向）和横向操作（加／减速）的全部项目，其余操作都由驾驶人完成。此级别系统可以代替驾驶员的手与脚。

第3级：人与系统联合驾驶，以系统为主。系统可以执行所有驾驶操作，但在某些特殊情况下，系统可请求干预，此时，驾驶员必须提供适当的干预。此级别系统可以代替驾驶员的手、脚、眼及大部分逻辑思维。

第4级：系统驾驶。系统可以执行所有驾驶操作，但在某些特殊情况下，系统可请求干预，此时，系统可以对驾驶人请求不作响应。此级别系统可以基本代替驾驶员的全部工作，包括手、脚、眼及大脑逻辑思维。

第5级：系统可以执行所有驾驶操作，包括对所有特殊情况都有能自动处置的能力，而完全不需要驾驶员。此级别系统可以完全代替驾驶员的全部工作，包括手、脚、眼及大脑逻辑思维。

2. 自动驾驶的研究方法

自动驾驶的研究是人类的梦想，早在五十年前已有自动驾驶的研究，直到现在，已经历了以下两种时代与方法研究：

（1）传统研究方法。传统研究方法是以单车为主的研究方法。在此方法中整个自动驾驶系统是一个安装于车内的车载设备系统。此研究方法主要关注点集中于单车，因此研究目标单一，缺少周围环境共享数据的支持，研究难度大，难于实现自动驾驶本质性突破。

（2）现代研究方法。现代研究方法又称基于网联车的研究方法，所谓网联车就是将车辆自动驾驶置身于人、车、路统一平台之上，建立起人与车、车与车、车与路之间的统一关联与协调，实现整个线路上所有车辆的自动驾驶。其实现的方法是建设一个连接人、车、路中所有有关信息的搜集、流通、处理、分析的网络，这种网络是包括车联网（IOV）在内的互联网系统。其中，每辆车的车载设备仅是该网络中的一个结点，车中的自动驾驶均由网络统一控制与协调完成，这就是网联车名称的由来。

将车联网与搭载有先进的车载传感器、控制器、执行器等装置的车辆有机联合，并融合网络技术，实现车与人、车、路、后台等智能信息的高度交换与共享，实现安全、舒适、节能、高效行驶，并最终可替代人来操作的新一代汽车称为智能网联汽车（ICV），简称网联车。

网联车的实现需要有一个统一的连接人、车、路中所有信息的网络平台，这不是单个企业所能完成的，必须要得到政府的统一规划与支持。此项工作的实施目前已由工信部统一安排与计划，并在逐步推进。

（二）自动驾驶技术的原理

1. 基于网络系统的自动驾驶原理

自动驾驶技术可以看成是建立在一个网络上的系统，运用多种以人工智能为主的技术融合而成，主要包括以下方面：

（1）网络系统。该网络系统负责搜集路况、车况、人员以及相关后台数据，在此基础上处理与分析，最终通过车辆内部控制设备完成自动驾驶。网络系统是一个物联网，具有云计算功能，由多个移动终端结点组成。在这个网络中每个车载系统都是它的一个移动结点，该结点中所需的自动驾驶数据大都可从网络中获取，其自身的工作主要完成数据分析并转换成驾驶员的操作行为。

（2）数据搜集。车辆自动驾驶所需的主要数据均由网络中的数据搜集子系统负责并可为线路上所有车辆共享。数据搜集内容包括前台的实时数据与后台的固定数据两个部分。

第一，前台的实时数据。前台的实时数据可通过传感器（包括雷达、摄像机、激光传感器等）搜集完成，包括路况、车况及人员等静态、动态数据。静态的如道路交通标记：缓行、绕行、禁行、禁鸣、出口、入口；路况：单/双车道、路宽、路面湿、冻、有坑、有坡度等。动态的有红绿信号灯、行人、车辆等。

第二，后台的固定数据。后台的固定数据可通过后台数据库搜集、整理存储，包括交通规则、行车地图及相关规范、文件等多种与驾驶有关的固定数据。此外，还包括各型号车辆的规格与参数等。

（3）数据通信。数据通信由有线与无线通信两种方式以及通用网络通信和汽车专用短程通信技术、车载无线射频通信技术、LTE-V通信技术、汽车移动自组织网络技术、面向智能交通的4G/5G通信技术等。

（4）数据处理。数据搜集后即进入数据处理，包括数据重组、结构转换等，此外还包括数据计算、统计等。

（5）数据分析。除数据处理外，最重要的就是数据分析。在自动驾驶中有关数据分析内容包括：道路标记的识别，道路动态物体（如人、车）的运动速度、方向的分析；动态行驶车辆的定位等。

（6）数据控制。经数据处理、数据分析后即可进入数据控制，它即是应用数据处理与数据分析后所得结果数据，经一定的控制算法，通过机电接口实现对汽车的纵向与横向实时控制，从而实现自动驾驶的目标。

2. 自动驾驶技术的主要功能

自动驾驶可以替代驾驶人员完成汽车驾驶任务，具体来说，即驾驶人员可以用眼睛观察路况、车况、行人、道路标记等道路上所有能见的事物；驾驶人员可以用手操纵方向盘，用脚操纵油门和刹车；驾驶人员可以用大脑中所存储的交通法规、地图知识等；驾驶人员可以用大脑中的思维控制能力，根据所获取的所有知识进行逻辑推理，实现纵向防撞、横向防撞、交叉路口防撞、安全状况检测等，并能按规定路线驾驶车辆到达目的地。所有这些能力，在自动驾驶中系统按等级都能完成，这就是自动驾驶技术的功能。

（1）视觉能力。自动驾驶具有机器视觉功能，它利用计算机来实现人类视觉系统对物体的测量、判断和识别，主要包括数字图像和 3D 图像的采集、处理和分析方法。随着计算机技术的发展和智能图像处理 / 识别技术的成熟，机器视觉技术可用于三维测量、三维重建、虚拟现实、运动目标检测和目标识别等方面。在自动驾驶中可用于路况识别和车辆、行人、障碍物的距离、速度、方位识别与检测。

（2）操纵功能。在系统控制下自动驾驶具有自动操纵油门、刹车的能力以及操纵方向盘的能力，以取代驾驶员的脚和手的功能。

（3）控制能力。利用计算机作为决策和控制中心，对由各种传感器收集的信息（包括道路、车辆、行人、环境等）以及后台信息加以综合利用，通过计算机的综合处理做出最佳控制执行方案，并通过车辆上的各种控制系统自动控制车辆。此控制能力可以取代驾驶员的逻辑思维的功能。

（4）安全驾驶。在视觉能力、操纵功能及控制能力的作用下，自动驾驶还能完成安全驾驶：①安全状况检测；②纵向防撞；③横向防撞；④交叉路口防撞。

（5）自动车辆驾驶。汽车通过系统的支持，在无人工干预或部分人工干预的情况下，实现在道路上的车道跟踪、车辆间距保持、换道、巡航、定位、停车等操作。

3. 自动驾驶中的人工智能技术

在自动驾驶中所采用的核心技术是人工智能，主要表现在以下方面：

（1）计算机视觉。可将人工智能中的计算机视觉技术用于自动驾驶中，用于路况识别和车辆、障碍物的距离、速度检测以及交通标志识别和红绿灯识别等。

（2）车辆定位。在无线定位方法中，目前最常用的是基于基站的定位方法。这是一种用卷积神经网络进行学习的一种方法。车辆在某一区域内各时刻接收到的基站信号强度可绘制成 96 像素 ×96 像素大小的信号强度特征图，将其作为输入并将每张信号强度特征图对应的车辆坐标作为输出，利用 CNN 进行训练，训练所得模型能够基于各基站信号强度，较为精确地对车辆位置进行估计，实现基于 CNN 的车辆无线定位。

（3）大数据技术。自动驾驶中所需的数据量大、实时性强、结构类型复杂，处理难度大，因此是一种典型的大数据，需使用大数据技术处理才能保证系统有效、顺利、高速运行。

（4）决策技术。自动驾驶中最终执行均是通过系统控制软件实施的，这种控制包括纵向的操作（油门、刹车）与横向的操作（方向盘），以实现纵向防撞、横向防撞以及交叉路口防撞等目的。在决策中都需要有演绎性推理与归纳性推理等多种智能性技术。

二、人工智能在车牌号车型识别中的应用

近年，交通运输行业的发展取得了快速的进步，人们越来越依赖智能交通系统。智能交通系统当中非常重要的构成部分就是车牌识别系统，车牌识别系统的智能化发展在很大程度上方便了人们的出行。在对机动车进行管理时，能够依托的管理标识只有车牌照、在识别车牌号时，需要使用到图像识别技术。

对车牌进行识别时，需要识别系统先从整个车辆的图像当中准确识别出汽车车牌号码图像，在此基础上去识别车牌当中的字符。通常情况下，车牌识别

系统主要涉及的组成部分有图像采集部分、图像预处理部分、车牌位置定位部分、车牌字符切割部分以及车牌字符识别部分。在 20 世纪 90 年代之后，我国开始主动探索车牌识别系统，并且构建出了自主知识产权车牌识别系统。

车牌识别系统和人工智能技术的结合提高了系统的识别率，系统之所以能够有更高的识别率是因为系统借助了互联网，引入了信息技术。互联网和信息技术可以让系统构建出更有深度的模型。与此同时，百度还可以提供稳定、可扩展可使用的云计算服务，百度在构建服务三位一体的云计算服务之后，研究出了百度云图像识别技术。通过大量的图像学习、图像训练之后，图像识别技术能够准确地从各种各样的图片当中提取信息，并且找出与需要识别的信息有关的图像。系统当中的图像采集模块涉及的设备有摄像头、照明设备。图像采集模块主要是进行视频采集，并且将获得到的视频图片传送到计算机端。计算机软件需要对采集到的视频和图像进行后续的截取分析，寻找图像当中是否包含车辆信息，然后将包含车辆信息的图像上传到百度云。百度云需要根据获得的识别结果进行分析。

具体来讲，以百度云人工智能为基础的车牌识别系统主要显现出了四个优点：①不需要较高的硬件配备，可以依赖百度云提供的计算服务；②能够快速响应，通常情况下，一张图的响应时间是毫秒级别；③使用的是深度学习模型，图片识别准确率更高；④系统开发成本低。

在具有以上优势之后，以百度云人工智能为基础构建起来的车牌识别系统就会被应用在高速公路当中，目的是快速地车辆识别，并且快速地完成缴费。该系统的出现有利于后续更好地推行 ETC。

在社会快速进步、技术快速发展的情况下，车牌识别系统已经没有办法满足当下时代的发展需要。所以，当下的车牌识别系统必须快速引入人工智能技术以及云计算技术，只有使用了这两个技术构建出来的系统才能稳定地、快速地识别车辆信息。与此同时，这两个技术的引入还能降低成本，提高识别准确度。

总而言之，未来计算机科学技术的发展需要依赖人工智能，在引入人工智能技术以及云计算之后，车牌识别系统必然会在更大程度上推动高速公路的智能化发展，用户也必然会享受到更为方便的道路服务。

第六章 人工智能技术与视觉艺术的融合应用

第一节 机器视觉技术下的分拣机器人

一、分拣机器人的组成

分拣机器人是一类具备了传感器、物镜以及电子光学系统的机器人，可精确且高效地分拣物件。其分拣工作是将物件按品种、出入库顺序分别放到指定位置的作业；而视觉分拣则是将物件识别和分类的过程交给视觉系统处理。基于机器视觉技术的分拣机器人提高了分拣的速度、确保了分拣的质量、减轻了员工的劳动强度，同时也提高了人员的使用效率，为社会的发展做出了巨大贡献，为人工智能更进一步奠定了坚实的基础。

分拣机器人是一个集机械、电气、计算机于一体的机电一体化设备，主要由三大部分六个子系统组成。三大部分包括机械部分、传感部分以及控制部分。六个子系统包括驱动系统、机械结构系统、感受系统、机器人—环境交互系统、人机交互系统以及控制系统。

第一，驱动系统可分为液压驱动、电气驱动以及气动驱动三种，三种系统各有所长，如液压驱动系统适用于分拣机器人搬运大型物件，电气驱动系统的控制性能好，常用于高精度分拣机器人，而气动驱动系统是一种柔性系统，价格低且功率质量比最低。

第二，机械结构系统是分拣机器人最基本的要素，主要由执行机构、传动机构和支承部件组成，用于完成规定的动作，传递功率、运动和信息以及支承连接相关部件。对分拣机器人来说，末端执行器是机器人机构拓扑结构的核心，主要分为气吸式和机械夹持式。

第三，感受系统是由内部与外部各自的传感器模块组合而成，用于获得内部和外部环境状态中有价值的信息，在子系统中占居核心地位；而机器视觉作为感受系统的子系统，在分拣过程中扮演着一种不可或缺的角色。把机器视觉技术融合于分拣机器人中，精准且高效地将物件从其所处位置分拣出来，并搬运到指定位置按预定的格局进行分类、集中。

第四，机器人—环境交互系统是完成分拣机器人和周围环境装置相互沟通与协调的系统，它的存在使得分拣机器人和周围环境装置集成为一个功能单元。

第五，人机交互系统是操作人员参与分拣机器人控制并与其进行沟通的枢纽，在最大程度上帮助人们实现信息管理、服务以及处理等功能，使计算机和人工智能真正成为人类学习与工作的一门技术科学。

第六，控制系统是分拣机器人最为核心的组成之一，它对分拣机器人的性能起着决定性影响，在一定程度上推动着分拣机器人产业的发展。分拣机器人内部的协调以及多台分拣机器人协同作业都离不开控制系统。

二、基于机器视觉技术的分拣机器人应用

基于机器视觉技术的分拣机器人可以将工人从繁重的劳动中解放出来，大大提高了分拣的效率，因此被广泛地应用于食品、物流以及煤矿等多个行业。

（一）水果分拣

随着农业科技的发展和人民生活水平的提高，水果品种越来越多，人们对水果的品质也有了更高的要求。人工分拣劳动量大、生产率低而且分拣精度不稳定，因此水果分拣的快速、准确和无损化成为亟须解决的问题。

基于机器视觉技术的水果分拣机器人采用非接触式的图像传感器，因此不会对水果造成损伤，可适用于多种类型水果的分拣。基于机器视觉技术的水果分拣机器人不仅能够检测水果的大小和形状，还能对水果外表的损伤进行分析。根据水果颜色这个外观特征能够间接判断其内部品质，如使用近红外光的品质检测法精确测定水果的糖度和酸度，而且检测过程十分迅速。

（二）物流分拣

近些年电子商务行业快速增长，规模不断扩大。物流业是对人力成本非常敏感的产业，同时机器视觉技术具有高度自动化、高效率、高精度和环境适应强等优点，为高速发展的物流分拣系统开启了"新视界"。物流行业正从原始的人工分拣向模块化、智能化以及自动化方向快速演进。

基于机器视觉技术的物流分拣机器人可以将货物从目标位置快速且准确地搬运到指定的位置，所有的作业均是按照指令自动完成，其间不会受到气候、时间和体力的限制，真正实现了货物的连续大规模分拣。

在准确性方面，先进的机器视觉技术可以自动识别并判断商品的条形码、尺寸、重量和形状，分拣错误率极低。分拣车间实现了极少数人辅助分拣甚至无人分拣，大大降低了企业的人力成本投入，同时也降低了企业员工的劳动强度，提高了人员的使用效率。

（三）食品分拣

随着人们越来越关注食品的质量和健康，食品行业面临着越来越多的产品筛选和工作，手工分拣存在速度慢、准确性差、不卫生以及劳动力成本高等问题。基于机器视觉技术的智能分拣机器人为食品制造商带来了更多的智能选择，这有助于节省劳动力、提高效率和产品质量，同时人工智能也带来了更大的灵活性。

食品分拣机器人主要是由一个基于机器视觉技术的图像识别系统和一个多功能机械手组合而成。为了使机械手能够精确且稳定地抓取、搬运食品，最常用的是基于位置的机器视觉控制技术。机器视觉系统的识别以及定位是通过对食品的边缘、形状以及颜色等进行特征检测，最终引导分拣机器人实现对应的抓取和搬运工作。

近年来，随着机器视觉技术的高速成长，基于机器视觉技术的食品分拣机器人的分拣过程越来越高效。同时 SCARA 机器人得益于其负载小、速度快，因此常常被作为分拣机器人的载体，广泛应用于食品分拣行业。同时，并联分拣机器人也被广泛应用于食品分拣行业，通常是四轴和六轴并联机器人，即所谓的蜘蛛手，主要应用于巧克力、饼干、面包等食品生产线。

机器视觉技术是分拣机器人领域的一项重要技术，其拓展了分拣机器人的研究方向和应用领域，基于机器视觉技术的分拣机器人被广泛应用于食品、煤炭、物流、电子制造以及汽车制造等行业。机器视觉技术的发展一方面得益于计算机和相机性能的提升，另一方面也离不开核心算法的优化和创新。机器视觉技术的发展使得基于机器视觉技术的分拣机器人工作更加高效、更加智能和更加人性化。

第二节　人工智能技术下的视觉导航清洁机器人

扫地机器人是目前所有的家用电器当中少有的具备主动移动能力以及环境感知能力的机器类产品，也是现在的新技术应用当中的一个先锋类的产品。现如今市场上面的扫地机器人的种类是比较复杂，而且也比较多的，可以按照其导航规划方式来为其进行分类，可以将其分为随机清扫以及规划清扫这两类，导航规划清扫是那些中高端的机器人能够完成的工作，可以分为室内的环境以及规划清扫路线，这样工作起来是方便且节能的，在现阶段的实际导航技术当中分为两种：一种是视觉导航，另外一种是激光导航，视觉导航使用的是普通的摄像头，在应用的过程当中，靠的是采取环境当中的一些比较有特点的信息，使用视觉算法的办法来完成机器人的定位，而激光导航则是安装在机器的顶部，可以用来接收激光，通过360°的多点位的激光测距能够有效地实现一个二维地图的建立，同时确定扫地机器人处在的一个具体的位置。

一、视觉导航与激光导航技术应用扫地机器人的优势

在现如今的市场当中，比较高端的机器里面，激光导航的方案相对来说占比是比较高的，这主要是因为使用激光导航的机器人，它在建图方面以及精度方面都要比视觉导航的机器人更高一些。而且激光导航对于光线的要求会比较低，再加上导航技术的成本也比较高，所以说使用激光导航方案的机器人，其售价相对来说也更高一些。

使用视觉导航方案的扫地机器人只需要配置一个比较普通的摄像头就可以工作，在成本上，要比激光收发装置以及机械旋转马达装置更加低廉一些，而

且在空间占用上，视觉导航方案要比激光导航方案更加小一些，这些优势对于成本以及体系都受制的家用机器人来说是非常重要的，所以说使用视觉导航方案的扫地机器人，一般来说会主打超薄的概念，而且这种扫地机器人的均价相对来说会低一些。

但是就智能以及扩展性方面来看，视觉导航方案的潜力要比纯激光导航方案的潜力更高一些。使用视觉导航方案的扫地机器人在输入信息完毕之后能够形成一个更加丰富的二维图像而且激光雷达采集的信息仅仅是利用激光测距的一维信息，虽然说目前的算法以及算力受到了一定的限制，导致视觉方案仅仅是提取了相关的点或者是线来进行定位，但是伴随着科学技术的不断发展以及算力的提升，结合图像识别等新的人工智能算法的不断出现，视觉导航系统可以针对环境的理解，来提供更加智能化的工作方式，嵌入芯片式的软件拥有着极低的边际成本，相信在未来会出现成本以及性能都比激光导航方案更加优越的视觉导航方案。

二、人工智能算法在视觉导航中的优化

（一）视觉导航中的机器学习辅助建图

视觉导航方法属于一种非常综合性的方法，而且也是一系列方法进行优化的最终结果，有许多步骤都由人工改为使用机器来进行学习，可以完成深度的优化。机器的前端以及后端的优化主要是基于相机的继续变化时相邻图片之间的关系，并且利用相机回到同一个位置时的图片相似性完成回环检测，判断图片之间的相似性对于人类来说是比较简单的，但是如果使用机器来对其进行判断的话，确实比较复杂的，因为机器在进行判断的时候只是录入一些数值。传统的回环检测使用的是磁带模型，需要通过人工来提取图片，不容易操作，而且还很容易受到限制，近些年来，深度的学习技术得到了非常好的发展，尤其是在图像处理方面能够进一步地替代原来的人工调参。

（二）图像识别与深度估算辅助避障

延边以及避障是扫地机器人在完成清扫任务过程当中的两个非常重要的任务，而且这两个任务之间是一个互相矛盾的发展过程。

一方面,清洁覆盖率的主要的要求就是扫地机器人在进行工作的过程当中,

必须要把房屋的一些边缘或者是房间内的角角落落清扫干净，这样可以增强扫地机器人的清扫覆盖率，防止在清扫的过程当中遗漏某个点。

另一方面，用户的体验目标又要求机器人在清扫的过程当中要远离固定空间内的一些障碍物，减少扫地机器人在清扫时的碰撞次数，尤其是针对一些比较敏感的物体或者是比较贵重的物体。

通过结合图像识别技术，可以构建一个三维地图，这样能够有效提升防线的边缘跟角落的识别度，并且可以使用不同的清扫策略，在三维地图相对于那些比较重点的对象，或者是比较复杂的轮廓，可以进行专业的壁障，从而解决了只要清扫边界就一定会出现碰撞的问题，可以更好地解决沿边以及避障这二者之间的矛盾，同时在三维地图上也可以去设计以及规划策略，能够轻松地解决扫地机器人在工作时的路线。利用图像识别技术可以快速跟踪检测，能够帮助扫地机器人更好地完成动态的地图，可以实现局部的优化。

第三节　人工智能技术下的城市街景影像

大数据时代，导航定位装置、移动设备和地图服务的普及，带来了一种新型的地理大数据——街景影像。高密度覆盖城市路网的街景图片、社交媒体照片等影像数据源，从不同的视角对城市物质空间进行了描述，从而有效支持城市物质环境的量化研究。街景影像是表达城市环境的一种新型的大数据源，其观测视角更接近于城市居民，所表达内容丰富。街景影像不但可以详尽地描绘城市物质空间的可视环境，例如建筑物、道路、自然地物等，同时可以隐性表达不可视环境的，包括有关城市功能、社会经济和人类活动的信息。

海量街景影像的出现，为量化和研究场所中人类活动以及场所物质空间提供了重要的数据基础。场所是地理分析中的基础概念，它是联系人和地理环境相互作用的纽带，也是表达地理知识的基本单元。如何形式化表达场所及场所的物质空间，并在此基础上揭示人的行为模式与地理环境空间格局之间的关系，一直是地理信息科学等领域所关注的问题。然而，传统方法对场所物质空间的表达和量化分析有一定的局限性。在数据源方面，传统研究大多基于小规模的现场调查、实地测量数据，难以对大范围区域进行量化评估；基于遥感影像的研究具有大尺度对地观测的优势，但不适用于微观建成环境的全面、整体和精细化的分析。在方法方面，传统的统计分析方法和经典模型难以对日益复杂的城市环境、居民活动模式及其相互作用关系进行建模。

近年来，人工智能技术不断发展，应用领域不断扩大，在图像识别、语音识别、自然语言处理、机器人等领域取得了瞩目的进展。在图像理解方面中，以深度学习和计算机视觉为代表的人工智能技术日渐成熟，为挖掘街景语义信息、理解和定量表达场所物质空间的内容提供了强有力的支持。在多源街景数据和人工智能相关技术的支撑下，场所物质空间的研究进入了新阶段。目前，街景影像已经被应用于地理学、城市规划、城市经济学、建筑设计、公共卫生、环境心理学、能源、旅游等学科和领域。这些研究尝试对本领域的理论问题进行回访和重塑，并在此过程中涌现了大量的新方法，为基于大数据的人地关系研究、建成环境量化研究、空间数据挖掘与知识发现研究提供了新视角。

广义的街景影像包含了街景图片、社交媒体照片两大类。

街景图片是指谷歌地图、百度地图、腾讯地图等地图服务商利用街景车沿城市路网遍历拍摄采集获取的图片。此类图片一般以全景图的形式存储，包含了拍摄位置的360°全景视觉信息。在实际获取和使用中，每个位置的视觉环境可以由多张面向不同方位的自然视角的街景图片表达。

社交媒体照片是指在社交媒体平台上用户分享的、拍摄城市室内外景观的照片，此类平台包括新浪微博、微信等社交媒体。街景图片一般只覆盖街道内部的物质空间，作为补充，社交媒体照片可以对街区内部街景车不可达的空间进行描述，例如公园和校园等。

基于人工智能的街景影像分析，是将深度学习、计算机视觉等人工智能前沿领域的算法，贯穿街景影像的处理分析方法和面向城市的应用实践；高效精准地处理自然影像数据，催生新的遥感应用，促进城市物质空间分析模式的转变。在深度学习、计算机视觉等人工智能技术的支持下，街景影像开始被广泛应用。当前在深度学习支持下的计算机视觉技术可以更高效地识别图片中的语义对象、场景内容，为挖掘街景语义信息、理解和定量表达场所物质空间的内容提供了强有力的工具。

　　街景影像在早期的应用中，主要集中在对街景元数据的分析，例如利用社交媒体照片的位置点、标签文本内容来对城市功能、旅游热点区域进行挖掘。随着计算机视觉、深度学习等人工智能领域的发展，一系列针对图片语义内容分析的方法日渐成熟。得益于人工智能技术的支持，街景影像在城市研究中的应用更加广泛，不但实现了对物质空间本身的量化表达和分析，而且可以对物质空间背后蕴含的社会经济及人类活动的语义信息进行推测。

　　在人工智能技术的支持下，借助街景影像可以对城市物质空间的特点、规律、演变、对社会经济环境的影响和与人类活动的相互作用的机制进行更深入地研究。

参考文献

[1] 柴天佑. 工业人工智能发展方向 [J]. 自动化学报, 2020, 46（10）: 2005-2012.

[2] 陈维维. 多元智能视域中的人工智能技术发展及教育应用 [J]. 电化教育研究, 2018, 39（07）: 12-19.

[3] 邓斌. 人工智能算法赋能视觉导航清洁机器人的研究 [J]. 信息技术与信息化, 2021（04）: 238-240.

[4] 杜传忠, 胡俊, 陈维宣. 我国新一代人工智能产业发展模式与对策 [J]. 经济纵横, 2018（04）: 41-47+2.

[5] 方浩, 仇丽英, 卢嘉鹏. 基于区域过划分和再融合的全幅视觉图像分割 [J]. 北京理工大学学报, 2009, 29（9）: 799-802, 810.

[6] 冯洁语. 人工智能技术与责任法的变迁——以自动驾驶技术为考察 [J]. 比较法研究, 2018（02）: 143-155.

[7] 高奇琦. 全球善智与全球合智: 人工智能全球治理的未来 [J]. 世界经济与政治, 2019（07）: 24-48+155-156.

[8] 高新民, 罗岩超. "图灵测试" 与人工智能元问题探微 [J]. 江汉论坛, 2021（01）: 56-64.

[9] 郭斯羽. 面向检测的图像处理技术 [M]. 长沙: 湖南大学出版社, 2015.

[10] 韩冬, 李其花, 蔡巍, 等. 人工智能在医学影像中的研究与应用[J]. 大数据, 2019, 5（01）: 39-67.

[11] 何亚茹, 葛洪伟. 视觉显著区域和主动轮廓结合的图像分割算法 [J]. 计算机科学与探索, 2022, 16（5）: 1155-1168.

[12] 蒋柯. "图灵测试"、"反转图灵测试"与心智的意义[J]. 南京师大学报（社

会科学版），2018（04）：76-82.

[13] 李德毅．人工智能导论 [M].北京：中国科学技术出版社，2018.

[14] 李丰果，俞浩．人工智能算法赋能视觉导航清洁机器人 [J].人工智能，2020（05）：68-75.

[15] 李丽亚．人工智能中图像识别技术的发现与应用研究[J].长江信息通信，2022，35（01）：134-136.

[16] 李晓理，张博，王康，等．人工智能的发展及应用[J].北京工业大学学报，2020，46（06）：583-590.

[17] 利锐欢，谢玉祺．基于大数据的安全生产人工智能应用分析[J].科技资讯，2022，20（14）：76-78.

[18] 梁迎丽，刘陈．人工智能教育应用的现状分析、典型特征与发展趋势[J].中国电化教育，2018（03）：24-30.

[19] 马忠贵，倪润宇，余开航．知识图谱的最新进展、关键技术和挑战 [J].工程科学学报，2020，42（10）：1255.

[20] 苗红，李男，吴菲菲，等．基于机器学习的医学影像人工智能领域技术融合预测 [J].情报杂志，2022，41（06）：126-134.

[21] 年志刚,梁式,麻芳兰,等.知识表示方法研究与应用[J].计算机应用研究，2007（05）：234.

[22] 聂莉娟.基于人工智能的图像识别研究[J].无线互联科技，2022,19(02):112-115.

[23] 潘恩荣，杨嘉帆．面向技术本身的人工智能伦理框架——以自动驾驶系统为例 [J].自然辩证法通讯，2020，42（03）：33-39.

[24] 钱初熹．人工智能与视觉艺术教育的未来之路 [J].中国中小学美术，2017（07）：16-19.

[25] 邱陈辉，黄崇飞，夏顺仁，等．人工智能在医学影像辅助诊断中的应用综述 [J].航天医学与医学工程，2021，34（05）：407-414.

[26] 邱燕玲．面向人工智能下图像识别技术的应用分析[J].电脑编程技巧与维护，2021（03）：123-124+159.

[27] 申畯，冯园园，张洁雪，等．知识搜索中的知识库建设问题研究 [J].情

报杂志，2015，34（10）：129-133.

[28] 师博 . 人工智能助推经济高质量发展的机理诠释 [J]. 改革，2020（01）：30-38.

[29] 司锐，李文秀，苏俊武 . 人工智能在医学领域的应用进展 [J]. 中国医药，2021，16（06）：957-960.

[30] 苏娟，杨罗，卢俊 . 基于视觉注意模型的红外图像分级压缩方法 [J]. 红外与激光工程，2014（6）：2040-2045.

[31] 孙伟平，李扬 . 论人工智能发展的伦理原则 [J]. 哲学分析，2022，13（01）：3-14+196.

[32] 孙早，侯玉琳 . 人工智能发展对产业全要素生产率的影响——一个基于中国制造业的经验研究 [J]. 经济学家，2021（01）：32-42.

[33] 陶锋 . 人工智能视觉艺术研究 [J]. 文艺争鸣，2019（07）：73-81.

[34] 万赟 . 从图灵测试到深度学习：人工智能 60 年 [J]. 科技导报，2016，34（07）：26-33.

[35] 王帆 . 人工智能作为创造性媒介重塑视觉艺术 [J]. 中国艺术，2020（06）：69-76.

[36] 王良玉，张明林，祝洪涛，等 . 人工神经网络及其在地学中的应用综述 [J]. 世界核地质科学，2021，38（01）：15-26.

[37] 王义轩 . 基于图像采集卡的图像显示与处理软件开发研究 [J]. 信息与电脑（理论版），2019，31（21）：99-100+103.

[38] 吴自伟 . 基于对象的数字图像处理软件设计 [J]. 无线互联科技，2022，19（01）：40-41.

[39] 徐大海 . 中国人工智能发展态势及其促进策略 [J]. 电子世界，2020（09）：75-76.

[40] 徐洁磬 . 人工智能导论 [M]. 北京：中国铁道出版社有限公司，2019.

[41] 徐自远 . 面向人工智能算法下图像识别技术分析 [J]. 数字技术与应用，2021，39（10）：4-6.

[42] 叶绿，朱家懿，段婷 . 基于深度学习的行驶视觉图像分割模型设计 [J]. 实验室研究与探索，2020，39（10）：88-92.

[43] 叶松涛，林亚平，易叶青 . 视觉传感器网络中基于散度模型的协作式图像压缩机制 [J]. 通信学报，2011，32（3）：69-78.

[44] 于剑 . 图灵测试的明与暗 [J]. 计算机研究与发展，2020，57（05）：906-911.

[45] 张帆，刘瑜 . 街景影像——基于人工智能的方法与应用 [J]. 遥感学报，2021，25（05）：1043-1054.

[46] 张美芳，王羽，郑碧琪，等 . 人工智能在汽车自动驾驶中的应用 [J]. 汽车工业研究，2019（03）：2-7.

[47] 张铭钧，万媛媛，李煊 . 水中光视觉图像分割及目标提取方法 [J]. 哈尔滨工程大学学报，2013（12）：1580-1586.

[48] 张守文 . 人工智能产业发展的经济法规制 [J]. 政治与法律，2019（01）：2-10.

[49] 张鑫，王明辉 . 中国人工智能发展态势及其促进策略 [J]. 改革，2019（09）：31-44.

[50] 张学军，董晓辉 . 人机共生：人工智能时代及其教育的发展趋势 [J]. 电化教育研究，2020，41（04）：35-41.

[51] 张悦 . 人工智能背景下的视觉设计方式变革与思考 [J]. 明日风尚，2021（24）：140-142.

[52] 赵愉，王得旭，顾力栩 . 人工智能技术在计算机辅助诊断领域的发展新趋势 [J]. 中国科学：生命科学，2020，50（11）：1321-1334.

[53] 周钦青，陈遵德 . 视觉传感网中基于二次规划的图像压缩感知 [J]. 计算机工程，2014（3）：258-261，265.